校企合作职业本科教育精品教材

自动控制原理

主审　王　静

主编　王　楠

时代出版传媒股份有限公司
安徽科学技术出版社

图书在版编目（CIP）数据

自动控制原理 / 王楠主编. -- 合肥：安徽科学技术出版社，2025.1. -- ISBN 978-7-5337-9282-4

Ⅰ. TP13

中国国家版本馆 CIP 数据核字第 2025QD1474 号

ZIDONG KONGZHI YUANLI
自 动 控 制 原 理　　　　　　　　　　　　　主编　王　楠

出 版 人：王筱文　　　选题策划：王　利　　　责任编辑：吴萍芝
责任校对：张晓辉　　　责任印制：梁东兵　　　装帧设计：北京金企鹅
出版发行：安徽科学技术出版社　　　　http://www.ahstp.net
　　　　　（合肥市政务文化新区翡翠路 1118 号出版传媒广场，邮编：230071）
　　　　　电话：（0551）63533330
印　　制：北京时代华都印刷有限公司　　电话：（010）61015014
（如发现印装质量问题，影响阅读，请与印刷厂商联系调换）

开本：787×1092　1/16　　　印张：12.75　　　字数：302 千
版次：2025 年 1 月第 1 版　　　印次：2025 年 1 月第 1 次印刷

ISBN 978-7-5337-9282-4　　　　　　　　　　　　　定价：45.80 元

版权所有，侵权必究

前言

随着科学技术的快速发展,自动控制系统已经广泛渗透进工业、军事、航天、交通、农业等生产生活的各个方面,计算机技术的广泛应用也为其提供了更为广阔的发展空间,自动控制系统已然在工程技术中占据着越来越重要的地位,对相关人才的需求也与日俱增。而想要认识自动控制系统,就需要先掌握自动控制原理的相关知识。

编者根据生产实践的岗位需求,并结合新时代对应用型、技能型人才的培养要求,精心编写了本书。本书主要具有以下特色。

1. 素质教育,立德树人

党的二十大报告指出:"育人的根本在于立德。"本书积极贯彻党的二十大精神,将素质教育贯穿整个教学过程。本书在每个项目的开头都明确了"素质目标",注重提升学生的职业能力和素养。此外,本书在每个项目的结尾都设有"匠心筑梦"模块,讲述了相关领域内的新时代劳模事迹,彰显了工匠精神,旨在培养学生爱岗敬业、脚踏实地、精益求精、不断创新的职业素养,对学生进行潜移默化的思想教育和价值观引领,增强学生的责任感与使命感。

2. 校企合作,工学结合

为了满足相关企业的人才需求,编者在编写本书的过程中,积极与相关专家和一线工作人员沟通合作,将理论知识与岗位需求有机结合,力求让学生在学习过程中切实掌握相关技能。

3. 任务驱动,理实一体

本书融合了活页式理念,采用项目任务式体例进行编写,每个任务包含"任务引入""任务工单""相关知识"三部分。

- **任务引入**:通过生活实际将相关理论知识具象化,并对学习相应任务的必要性进行介绍,让学生对任务内容形成初步了解,引发其探索兴趣,从而展开后续学习。
- **任务工单**:根据不同的知识灵活设置,内容实用,紧扣知识点,既有助于培养学生自主学习的意识和能力,又能提高学生的技能水平。
- **相关知识**:从基本概念出发,以"必需、够用"为原则,精简了原理公式等的数学推导,并引入软件实操,力求通俗易懂、内容实用。

此外，本书在每个项目的最后设有"项目综合考核"和"项目综合评价"。"项目综合考核"中包含填空题、判断题和简答题，可以帮助学生对所学知识进行查漏补缺；"项目综合评价"中设有学习成果评价表，可以辅助教师和学生进行学习效果的评定与总结。

4．模块丰富，助力学习

本书在正文中穿插了"知识链接""提示"等模块，可以丰富学生的知识面，拓宽学生的思维；同时还设置了"课堂互动"等模块，可以引发学生思考，提高学生学习的积极性；此外，还设置了"笔记"模块来丰富版面，并辅助学生进行总结。

5．平台支撑，资源丰富

本书配有丰富的数字资源，读者可以借助手机或其他移动设备扫描二维码观看微课视频，也可以登录文旌综合教育平台"文旌课堂"查看和下载本书配套资源，如教学课件、课后习题答案等。读者在学习过程中有任何疑问，都可以登录该平台寻求帮助。

此外，本书还提供了在线题库，支持"教学作业，一键发布"，教师只需要通过微信或"文旌课堂"App 扫描扉页二维码，即可迅速选题、一键发布、智能批改，并查看学生的作业分析报告，提高教学效率、提升教学体验。学生可在线完成作业，巩固所学知识，提高学习效率。

本书由王静担任主审，王楠担任主编，宋轶、刘星星、郝中波担任副主编。由于编者水平有限，书中难免存在疏漏或不当之处，敬请广大读者批评指正。

🔍 **本书配套资源下载网址和联系方式**

🌐 网址：https://www.wenjingketang.com
📞 电话：400-117-9835
✉ 邮箱：book@wenjingketang.com

目 录

绪论 ··· 1
0.1 自动控制系统的定义及基本组成 ·· 1
    0.1.1 自动控制系统的定义 ·· 1
    0.1.2 自动控制系统的基本组成 ·· 1
0.2 自动控制系统的基本控制方式 ·· 3
    0.2.1 开环控制 ··· 3
    0.2.2 闭环控制 ··· 3
    0.2.3 复合控制 ··· 4
0.3 自动控制系统的分类 ·· 4
    0.3.1 按系统微分方程形式分类 ·· 4
    0.3.2 按输入信号特性分类 ·· 5
    0.3.3 按信号传递方式分类 ·· 5
    0.3.4 按系统中参数相对于时间的变化情况分类 ··· 6
0.4 自动控制系统的性能要求 ·· 6
    0.4.1 稳定性 ·· 6
    0.4.2 快速性 ·· 7
    0.4.3 准确性 ·· 7

项目 1 自动控制系统的数学模型 ·· 9

任务 1.1 认识微分方程与传递函数 ·· 10
    任务引入 ·· 10
    任务工单——建立直流电动机的微分方程模型 ··· 11
    1.1.1 微分方程 ··· 13

1.1.2　传递函数 ··· 15
任务1.2　认识典型环节 ··· 18
　　任务引入 ·· 18
　　任务工单——认识典型环节的表达形式及应用 ······························· 19
　　1.2.1　比例环节 ··· 21
　　1.2.2　积分环节 ··· 21
　　1.2.3　惯性环节 ··· 21
　　1.2.4　微分环节 ··· 22
　　1.2.5　比例微分环节 ·· 22
　　1.2.6　振荡环节 ··· 23
　　1.2.7　延迟环节 ··· 23
任务1.3　认识结构图 ··· 24
　　任务引入 ·· 24
　　任务工单——作出直流电动机的结构图 ·· 25
　　1.3.1　结构图的组成及绘制 ·· 27
　　1.3.2　结构图的等效变换 ·· 28
　　1.3.3　利用结构图求闭环控制系统的传递函数 ······························· 33
任务1.4　利用MATLAB建模 ·· 35
　　任务引入 ·· 35
　　任务工单——利用MATLAB建立系统的传递函数模型 ··················· 37
　　1.4.1　MATLAB基础 ·· 39
　　1.4.2　建立传递函数模型 ·· 42
　　1.4.3　建立结构图模型 ··· 45
项目综合考核 ··· 47
项目综合评价 ··· 49

项目 2　时域分析法　　51

任务2.1　认识典型输入信号和时域性能指标 ······································ 52
　　任务引入 ·· 52
　　任务工单——标注典型一阶系统的单位阶跃响应曲线 ······················ 53
　　2.1.1　典型输入信号 ·· 55
　　2.1.2　时域性能指标 ·· 57

任务 2.2　认识一阶、二阶系统的时域分析 ·· 59
　　任务引入 ··· 59
　　任务工单——认识一阶、二阶系统的时域分析 ·· 61
　　2.2.1　一阶系统的时域分析 ·· 63
　　2.2.2　二阶系统的时域分析 ·· 66
任务 2.3　认识稳定性分析及稳态性能分析 ·· 71
　　任务引入 ··· 71
　　任务工单——认识稳态误差 ·· 73
　　2.3.1　稳定性分析 ·· 75
　　2.3.2　稳态性能分析 ··· 78
任务 2.4　利用 MATLAB 进行时域分析 ·· 83
　　任务引入 ··· 83
　　任务工单——利用 MATLAB 计算给定系统的稳态误差 ································ 85
　　2.4.1　利用 MATLAB 分析系统的稳定性 ·· 87
　　2.4.2　利用 MATLAB 分析系统的动态性能 ··· 88
　　2.4.3　利用 MATLAB 计算稳态误差 ·· 91
　　2.4.4　Simulink 仿真 ··· 91
项目综合考核 ·· 93
项目综合评价 ·· 95

项目 3　频域分析法 ·· 97

任务 3.1　认识典型环节的频率特性 ··· 98
　　任务引入 ··· 98
　　任务工单——掌握典型环节的频率特性 ··· 99
　　3.1.1　频率特性的相关概念 ·· 101
　　3.1.2　频率特性的表示方法 ·· 102
　　3.1.3　典型环节的频率特性 ·· 103
任务 3.2　认识开环频率特性 ··· 109
　　任务引入 ··· 109
　　任务工单——绘制系统的开环频率特性曲线 ··· 111
　　3.2.1　开环频率特性的分析 ·· 113
　　3.2.2　开环频率特性曲线的绘制 ··· 113

任务 3.3　利用开环频率特性分析系统的稳定性 ……………………………………… 117
　任务引入 …………………………………………………………………………………… 117
　任务工单——判断闭环系统的稳定性 …………………………………………………… 119
　　3.3.1　奈奎斯特稳定判据 ……………………………………………………………… 121
　　3.3.2　对数频率稳定判据 ……………………………………………………………… 123
　　3.3.3　稳定裕度 ………………………………………………………………………… 124
　　3.3.4　开环频域性能指标与时域性能指标的关系 …………………………………… 126
　　3.3.5　闭环频域性能指标与时域性能指标的关系 …………………………………… 127
任务 3.4　利用 MATLAB 进行频域分析 ………………………………………………… 130
　任务引入 …………………………………………………………………………………… 130
　任务工单——利用 MATLAB 分析系统的稳定性 ……………………………………… 131
　　3.4.1　利用 MATLAB 绘制开环幅相频率特性曲线 ………………………………… 133
　　3.4.2　利用 MATLAB 绘制开环对数频率特性曲线 ………………………………… 133
　　3.4.3　利用 MATLAB 计算系统的稳定裕度 ………………………………………… 134
项目综合考核 …………………………………………………………………………………… 136
项目综合评价 …………………………………………………………………………………… 137

项目 4　自动控制系统的校正 ……………………………………………………………… 139

任务 4.1　认识自动控制系统的校正 ……………………………………………………… 140
　任务引入 …………………………………………………………………………………… 140
　任务工单——绘制系统的响应曲线 ……………………………………………………… 141
　　4.1.1　校正装置 ………………………………………………………………………… 143
　　4.1.2　校正方式 ………………………………………………………………………… 146
　　4.1.3　基本控制规律 …………………………………………………………………… 148
任务 4.2　认识不同校正方式的特性 ……………………………………………………… 151
　任务引入 …………………………………………………………………………………… 151
　任务工单——求取校正装置的参数及传递函数 ………………………………………… 153
　　4.2.1　串联校正的特性 ………………………………………………………………… 155
　　4.2.2　反馈校正的特性 ………………………………………………………………… 157
　　4.2.3　复合校正的特性 ………………………………………………………………… 158

任务 4.3　利用 MATLAB 进行校正 ·· 161
　　任务引入 ·· 161
　　任务工单——利用 MATLAB 进行串联滞后校正 ······································· 163
　　4.3.1　利用 MATLAB 进行系统校正 ·· 165
　　4.3.2　利用 Simulink 建立校正仿真结构图 ··· 172
　项目综合考核 ·· 175
　项目综合评价 ·· 176

项目 5　综合案例 ·· 177

任务 5.1　认识电阻炉温度自动控制系统 ·· 178
　　任务引入 ·· 178
　　任务工单——作出电阻炉温度自动控制系统的原理框图 ··························· 179
　　5.1.1　电阻炉温度自动控制系统的工作原理 ··· 181
　　5.1.2　电阻炉温度自动控制系统模型的建立 ··· 182
　　5.1.3　电阻炉温度自动控制系统的主要组成 ··· 182
任务 5.2　认识恒压供水自动控制系统 ·· 183
　　任务引入 ·· 183
　　任务工单——作出恒压供水自动控制系统的原理框图 ······························ 185
　　5.2.1　恒压供水自动控制系统的工作原理 ··· 187
　　5.2.2　恒压供水自动控制系统模型的建立 ··· 187
　　5.2.3　恒压供水自动控制系统的主要组成 ··· 188
　项目综合考核 ·· 190
　项目综合评价 ·· 191

附录 ··· 192

参考文献 ·· 194

绪 论

0.1 自动控制系统的定义及基本组成

0.1.1 自动控制系统的定义

自动控制系统广泛应用于各个领域，涵盖了生活生产的方方面面。它们种类丰富，作用各异，极大地影响着我们的生活方式和生活质量。所谓控制系统，是指通过被控对象规定功能的实现来达到预期目标的系统。其中，无须人的直接参与，而是利用控制装置使被控量自动地按照预定的规律变化的系统就是自动控制系统。例如，直流电动机可以保持恒定转速，无人机可以按照预定航线自动飞行，空调可以根据预设温度来使室温恒定，自动驾驶汽车可以根据路况自动驾驶等，这些场景的实现都离不开自动控制系统。

0.1.2 自动控制系统的基本组成

自动控制系统种类繁多，虽然组成系统的元件有所不同，但是不同的元件承担的职能及系统整体的基本结构却是类似的。概括起来，自动控制系统的基本组成一般有如下几部分。

（1）给定元件：用于产生系统参考输入量的元件。

（2）被控对象：自动控制系统中需要进行控制的设备或过程。

（3）测量元件：用于检测被控量，使被控量转化为适合测量的物理量，以便与参考输入量进行比较的元件。常用的测量元件有各类传感器、测速发电机等。

（4）执行元件：驱动被控对象从而改变被控量，使系统的被控量达到期望值的元件。常用的执行元件有伺服电动机、阀门等。

（5）比较元件：主要是将测量元件实际检测到的被控量与系统的参考输入量进行比较，从而得到两者之间的偏差的元件，电桥就是常用的比较元件之一。

（6）放大元件：用于放大偏差量的元件。由于偏差量一般较小，不足以驱动执行元件控制被控对象，因此需要放大元件对电压、功率等的偏差量进行放大。常用的放大元件有电压放大器、功率放大器等。

（7）**校正元件**：用于改善系统性能指标的元件，主要以串联或反馈的方式连接在系统中。当系统的控制效果未达到预期时，需要引入校正元件，这就使得校正元件的参数或结构要便于调整。目前广泛应用的 PID 控制器（比例-积分-微分控制器）就属于校正元件。

> **知识链接**
>
> 对于上述介绍的自动控制系统的基本组成，有时比较元件、放大元件、校正元件又可以合称为控制器或控制装置。控制器是用于接收变换、放大后的偏差量的元件，它能够通过一定的控制规律给出控制量，并传递至被控对象，如 PLC（可编程逻辑控制器）。

此外，在实际应用中，自动控制系统中一些常用的术语如下。

（1）**被控量**：被控对象中需要控制的物理量或状态，即系统的输出，也称为输出量。

（2）**参考输入量**：输入到系统中会对被控量产生影响的控制信号，即系统的输入，又称为给定量。

（3）**控制量**：施加给被控对象的信号。

（4）**反馈量**：被控量通过测量元件转变而成的，并与参考输入量性质相同的信号。

（5）**偏差量**：比较元件的输出信号，即反馈量与参考输入量之差。

（6）**扰动量**：对被控量产生不利影响的信号。影响被控量按期望进行正常控制的不利因素都属于扰动，如电压的波动、负载的变化等。在设计时应采取措施消除或减少扰动量对系统的影响。

一般，自动控制系统的组成可以用方框"□"表示，然后用圆圈"○"来表示比较元件，系统各组成部分之间用箭头连接，箭头指示方向为信号传递方向。另外，指向比较元件的线旁常标有"＋"或"－"，表示输入信号的极性。这种表示方式可以简单清晰地表达自动控制系统的工作原理，便于分析。自动控制系统基本组成的原理框图如图 0-1 所示。

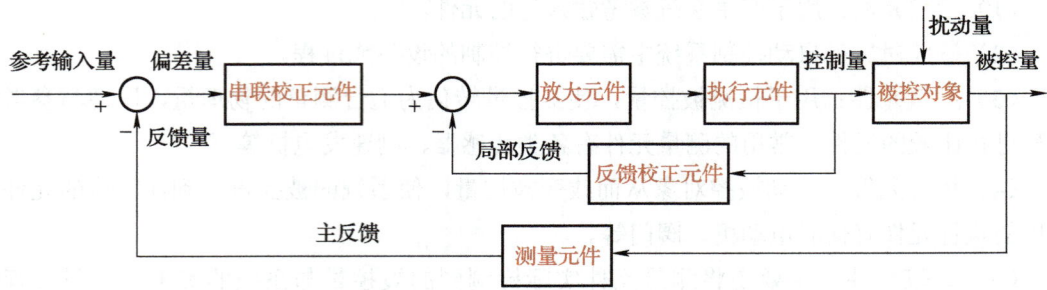

图 0-1　自动控制系统基本组成的原理框图

0.2 自动控制系统的基本控制方式

自动控制系统有三种基本控制方式，分别为开环控制、闭环控制和复合控制，每种控制方式都有各自的特点和适用场合。

0.2.1 开环控制

开环控制是指只有对参考输入量的正向控制作用，没有对被控量反馈作用的控制方式，即被控量不会对系统产生影响。开环控制是最简单的控制方式，按这种控制方式组成的系统就称为开环控制系统。如图 0-2 所示为开环控制系统的原理框图。

图 0-2　开环控制系统的原理框图

在开环控制系统中，系统的每一个参考输入量，都会有一个对应的被控量，即自动控制系统的控制精度主要取决于系统元件及校准的精度。当系统内部（元件参数等）或外部（电源、电压等）出现扰动时，系统的被控量会受到影响。因为开环系统本身没有反馈环节，无法进行自动补偿，所以系统的抗扰动能力较差，无法保证系统的控制精度。由于开环控制系统具有结构简单、调试方便、成本低的优点，因此，在系统内部和外部扰动影响较小或对扰动影响可以事先实现补偿时，可以采用开环控制方式。例如，交通信号灯、自动洗衣机、包装机等，一般都是开环控制系统。

0.2.2 闭环控制

闭环控制是指不仅对参考输入量有控制作用，还对被控量有反馈控制作用的控制方式，因此，闭环控制又可称为反馈控制。闭环控制方式是最基本、应用最广泛的一种控制方式。信号沿反馈通道从系统输出端回到输入端，构成闭合回路的系统称为闭环控制系统或反馈控制系统。

闭环控制系统中会存在正反馈和负反馈两种情况，正反馈会使系统偏差增大，加剧系统已有扰动的影响；负反馈则会使系统偏差减小，从而使被控量达到期望值。因此，负反馈是闭环控制系统的核心。

闭环控制系统是利用负反馈来控制偏差的。无论是系统内部还是外部的扰动引起被控量出现偏差，系统都会产生相应的控制作用去纠正偏差，使被控量最终能够达到期望值。如图 0-3 所示为闭环控制系统的原理框图。

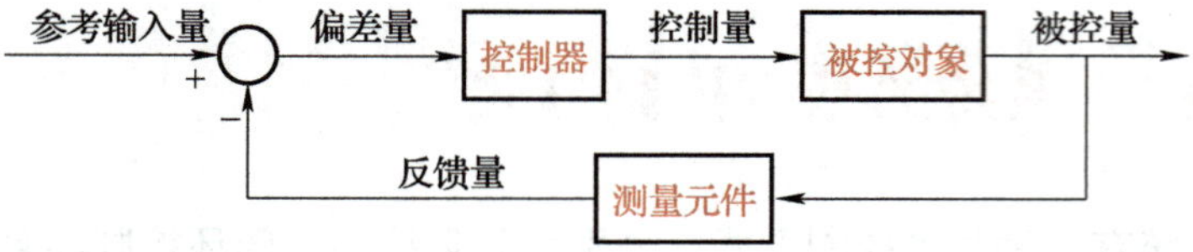

图 0-3　闭环控制系统的原理框图

闭环控制系统抗扰动能力强,能够达到较高的控制精度。然而,其准确性与稳定性之间往往会存在矛盾,因为闭环控制系统结构复杂,使用元件多,安装调试困难,若设计和调试欠佳,则会使系统工作不稳定。尽管如此,闭环控制方式仍然十分重要且被广泛使用,当系统外部产生的扰动无法实现预测,系统内部又经常产生扰动时,为了提高系统的控制精度,更宜采用闭环控制方式。

0.2.3　复合控制

复合控制是指同时将开环控制和闭环控制结合起来的控制方式。如果引起被控量变化的外部主要扰动是可以测量的,那么就可以采用适当的补偿装置快速有效地对主要扰动实现控制,再与闭环控制方式结合使用,消除其余扰动产生的偏差,这样既能减小扰动对自动控制系统的影响,又能提高系统的控制精度。

0.3　自动控制系统的分类

自动控制系统的分类方法有很多,下面介绍几种比较常见的分类方法。

0.3.1　按系统微分方程形式分类

按系统微分方程形式的不同,自动控制系统可分为线性控制系统和非线性控制系统。

1. 线性控制系统

线性控制系统的特点是系统中各元件的特性均是线性的,系统被控量和参考输入量之间的关系可以用线性微分方程来描述。线性控制系统可以应用叠加原理。

2. 非线性控制系统

非线性控制系统的特点是系统中存在具有非线性特性的元件。目前对于各种非线性控制系统,还没有通用的分析方法,但对于非线性程度不严重的系统,可在一定范围内将其近似为线性控制系统,采用线性控制系统的理论和方法进行分析和设计。

0.3.2　按输入信号特性分类

按输入信号特性的不同，自动控制系统可分为恒值控制系统、随动控制系统和程序控制系统。

1．恒值控制系统

恒值控制系统的特点是参考输入量为一恒值。由于扰动量的影响，被控量往往会偏离期望值，恒值控制系统的任务就是克服各种扰动量的影响，使被控量能够恢复并维持在期望值。工业生产过程中，恒温自动控制系统、恒压自动控制系统、恒速自动控制系统等都属于恒值控制系统。

2．随动控制系统

随动控制系统的参考输入量是预先无法确定的变量。随动控制系统的任务就是使被控量在不同条件下能够以一定的精度快速地跟踪参考输入量的变化，所以又称为跟踪控制系统。例如，雷达无线跟踪系统、火炮自动瞄准系统等都属于随动控制系统。

3．程序控制系统

程序控制系统的参考输入量是按事先确定的运动规律得到的随时间变化的函数。程序控制系统的目的是使被控量能够迅速、准确地复现。例如，数控机床就属于程序控制系统。

0.3.3　按信号传递方式分类

按信号传递方式的不同，自动控制系统可分为连续控制系统和离散控制系统。

1．连续控制系统

连续控制系统中所有元件的信号都是随连续时间变化的函数。

2．离散控制系统

离散控制系统中的一处或多处信号是以脉冲序列或数字编码形式出现的，这类信号在时间上是离散的。离散控制系统通常用差分方程来描述，数字计算机中的数字控制系统就属于离散控制系统。

连续控制系统和离散控制系统的时间信号如图 0-4 所示。

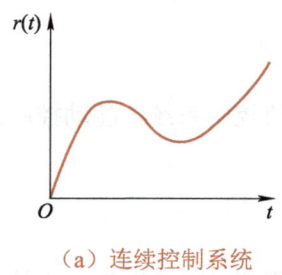
（a）连续控制系统

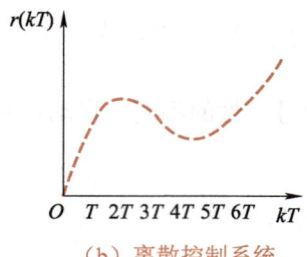
（b）离散控制系统

图 0-4　连续控制系统和离散控制系统的时间信号

0.3.4　按系统中参数相对于时间的变化情况分类

按系统中参数相对于时间的变化情况的不同，自动控制系统可分为定常系统和时变系统。

1．定常系统

定常系统中不存在随时间变化而变化的参数。

2．时变系统

时变系统中存在随时间变化而变化的参数。例如，导弹制导控制系统就属于时变系统。

> **知识链接**
>
> 　　除了以上提到的分类方法外，自动控制系统还有其他的分类方法。例如，按端口关系的不同，自动控制系统可分为单输入单输出控制系统和多输入多输出控制系统，按系统参数的空间分布特性的不同，自动控制系统可分为集中参数控制系统和分布参数控制系统等。

0.4　自动控制系统的性能要求

为了实现自动控制，需要对自动控制系统的性能提出相关要求，即自动控制系统应具有稳定性、快速性和准确性。

自动控制系统的性能要求

0.4.1　稳定性

稳定性是指系统经过过渡过程重新达到稳定状态的能力，是保证系统能够正常工作的基本前提。对一个稳定的自动控制系统来说，当系统受到扰动量作用后，被控量会发生相应的变化，从而偏离期望值，但当扰动量消失或经过一段时间的反馈调节后，系统仍能恢复到预期的稳定状态。而对于一个不稳定的自动控制系统来说，其被控量呈发散状态，无法正常完成控制任务，甚至可能会造成事故。

0.4.2 快速性

由于系统的组成元件总存在惯性，因此稳定状态的恢复并非瞬间完成的，而是需要一段时间，即过渡过程。为了能够更好地完成自动控制，不仅要求系统具备稳定性，还需要对其过渡过程的形式及快慢（即动态性能）提出要求，其表征指标称为动态性能指标。

0.4.3 准确性

非理想状态下，系统从一种稳定状态经过过渡过程到达另一种稳定状态时，被控量往往会与期望值之间存在误差，称为稳态误差。稳态误差是衡量自动控制系统控制精度的重要指标。稳态误差越小，说明系统的控制精度越高，存在稳态误差的系统又称为有静差系统。

> **知识链接**
>
> 在工程实践中，由于要实现的目标不同，不同的自动控制系统对稳定性、快速性和准确性方面的侧重往往有所不同，而这三方面要求之间又存在相互制约的关系。例如，对于高射炮系统，主要强调其快速性和准确性，这就会相对降低其稳定性。因此，在设计自动控制系统时，需要根据系统的具体目标，均衡考虑这三方面要求，同时兼顾经济性。

课堂练习

项目 1　自动控制系统的数学模型

项目导读

研究设计一个自动控制系统，除了要了解自动控制系统的组成及工作原理，还要对自动控制系统进行定量分析计算，这就需要建立自动控制系统的数学模型，进而采取相应的措施改善自动控制系统的性能。

常用的数学模型有微分方程、传递函数、结构图、信号流图、频率特性等，本项目主要介绍微分方程、传递函数和结构图三种。

知识目标

- 掌握微分方程与传递函数。
- 掌握典型环节。
- 掌握结构图。
- 掌握用 MATLAB 建立数学模型的方法。

技能目标

- 能够列出微分方程和传递函数。
- 能够画出结构图。
- 能够在 MATLAB 中建立自动控制系统的数学模型。

素质目标

- 培养自主学习、探究学习的意识。
- 培养发现问题、分析问题的能力。
- 培养脚踏实地、求真务实的作风。

任务 1.1 认识微分方程与传递函数

任务引入

热水壶可以始终保持水温恒定,自动驾驶汽车可以根据路况自动驾驶,加热炉可以将炉内温度控制在特定值,等等。数学模型的建立是这些自动控制功能得以实现的基础,借助数学模型,可以帮助我们更好地了解自动控制系统中实际物理过程的本质特征。

本任务主要介绍微分方程与传递函数的相关内容,知识与技能要求如表 1-1 所示。

表 1-1 知识与技能要求

任务内容	认识微分方程与传递函数	学习程度		
		识记	理解	应用
学习任务	微分方程		●	
	传递函数		●	
实训任务	建立直流电动机的微分方程模型			●
自我勉励				

任务工单——建立直流电动机的微分方程模型

1. 任务准备

直流电动机（见图 1-1）由于具有调速范围广、启动转矩较大等优点，在电动汽车、有轨电车、大型起重机等设备中得到了广泛的应用。其工作原理是：输入的电枢电压会在回路中产生电枢电流，使电枢在磁场的作用下获得电磁转矩，进而带动负载运动。直流电动机在自动控制系统中常被用作被控对象或控制装置。

图 1-1 直流电动机

2. 任务实施

如图 1-2 所示为电枢控制的直流电动机的原理图，请根据图 1-2 建立该直流电动机的微分方程，并将结果填写在下方空白处。其中，电枢电压 $u_a(t)$ 为参考输入量，直流电动机转速 $\omega_m(t)$ 为被控量。

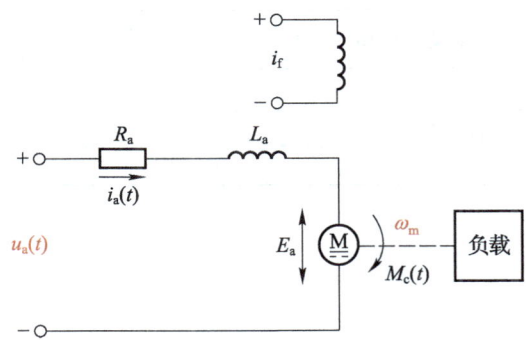

图 1-2 电枢控制的直流电动机的原理图

3. 考核评价

任务完成后，根据完成情况填写如表 1-2 所示的考核评价表。

表 1-2 考核评价表

考核项目	评价标准	满分/分	评分/分		
			自评	互评	师评
职业素养考核项目 30%	任务工单整洁、规范	5			
	积极参与，认真思考	10			
	团结协作，与他人密切配合	5			
	发现问题并解决问题	10			
专业能力考核项目 70%	理解直流电动机的工作原理	30			
	能够正确建立直流电动机的微分方程模型	40			
合计		100			
总评	自评（20%）+互评（20%）+师评（60%）=	综合等级：	教师（签名）：		

4. 课堂小结

项目 1　自动控制系统的数学模型

自动控制系统的数学模型一般可以用解析法和实验法建立。解析法属于理论建模，它是根据系统各元件所遵循的基本定律而建立关系式的，适用于系统中各元件的物理、化学等性质比较清楚的情况。在用解析法建立系统的数学模型时，应根据系统的结构和要求达到的精度，合理简化数学模型。实验法是通过实验，在系统输入端施加测试信号，并对响应数据进行测量，从而建立对应数学模型的方法。这里只对基本的解析法进行介绍。

1.1.1　微分方程

1. 微分方程的概念

微分方程广泛应用于机械、电气、热力、液压等领域，是自动控制系统中最基本的数学模型。在实际解决问题时，很多时候并不能直接找出目标函数，而是会列出目标函数及其导数的关系式。一般地，这种表示未知函数、未知函数的导数与自变量之间关系的方程，就称为微分方程。

2. 微分方程的建立

建立系统微分方程的一般步骤如下。

（1）分析系统的工作原理和结构组成，确定系统的参考输入量和被控量。

（2）从系统输入端开始，按照信号传递的顺序，根据各变量遵循的基本定律，列出各元件或环节的微分方程。

（3）联立各微分方程，消去中间变量，得出描述系统参考输入量和被控量关系的微分方程。

（4）对微分方程进行整理，将与被控量有关的各项放在等式左边，将与参考输入量有关的各项放在等式右边，并各自按降幂排列，最后将微分方程中的系数进行整理，化为具有一定物理含义的量（如时间常数等），使之成为标准化微分方程。若方程为非线性微分方程，应先对其进行线性化处理，再转换为线性微分方程的标准形式。

> **提示**
>
> 对于非线性微分方程，可以对其进行线性化处理，具体做法是在工作点（平衡点）附近按泰勒级数展开，忽略高阶导数项，从而得到近似的线性方程。

> **知识链接**
>
> 在自动控制系统中，信号是一级一级进行单向传递的，在对系统各元件或环节进行划分时，应注意后级对前级的负载效应，当负载效应不能忽略或串联的两级之间不存在隔离放大器时，则存在负载效应的两级不能分开各自建立微分方程。

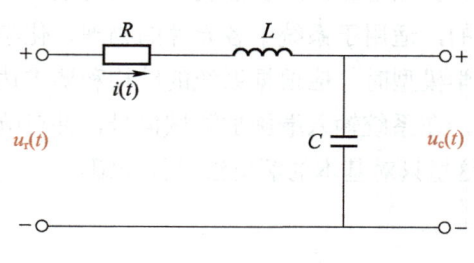

图 1-3 串联 RLC 电路

【例 1.1】 建立如图 1-3 所示的串联 RLC 电路，试列出该电路的微分方程，其中 $u_r(t)$ 为输入电压，$u_c(t)$ 为输出电压。

【解】 引入中间变量 $i(t)$，根据基尔霍夫电压定律可得电路的微分方程为

$$L\frac{di(t)}{dt} + Ri(t) + u_c(t) = u_r(t) \quad (1-1)$$

$$i(t) = C\frac{du_c(t)}{dt} \quad (1-2)$$

消去中间变量 $i(t)$，整理得

$$LC\frac{d^2u_c(t)}{dt^2} + RC\frac{du_c(t)}{dt} + u_c(t) = u_r(t) \quad (1-3)$$

将微分方程标准化得

$$T_1T_2\frac{d^2u_c(t)}{dt^2} + T_2\frac{du_c(t)}{dt} + u_c(t) = u_r(t) \quad (1-4)$$

式中：

T_1、T_2——时间常数，$T_1 = \dfrac{L}{R}$，$T_2 = RC$。

式（1-4）为串联 RLC 电路的微分方程，它是二阶常系数线性微分方程。

【例 1.2】 如图 1-4 所示为常见的弹簧-质量-阻尼器机械位移系统。试建立参考输入量为外力 $F(t)$，被控量为位移 $y(t)$ 的系统微分方程（重力忽略不计）。其中，m、k、f 分别表示物体的质量、弹簧弹性系数及阻尼器的黏性阻尼系数。

【解】 根据牛顿第二定律，可列出系统平衡时的微分方程为

$$F(t) - F_1(t) - F_2(t) = m\frac{d^2y(t)}{dt^2} \quad (1-5)$$

其中，中间变量 $F_1(t)$、$F_2(t)$ 分别表示弹簧的弹性力、阻尼器的阻尼力。

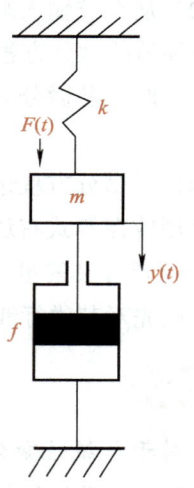

图 1-4 常见的弹簧-质量-阻尼器机械位移系统

$$F_1(t) = ky(t) \quad (1-6)$$

$$F_2(t) = f\frac{dy(t)}{dt} \quad (1-7)$$

消去中间变量，整理得

$$m\frac{d^2y(t)}{dt^2} + f\frac{dy(t)}{dt} + ky(t) = F(t) \quad (1-8)$$

式（1-8）为该弹簧-质量-阻尼器机械位移系统的微分方程，它是二阶常系数线性微分方程。

对比式（1-4）和式（1-8）可以发现，组成这两个系统元件的结构和性质并不相同，但它们却具有相同形式的数学模型。像这样具有相同形式数学模型的不同系统称为相似系统，相似系统中相同位置的物理量称为相似量。

1.1.2 传递函数

微分方程具有直观、准确的优点，但在分析与设计自动控制系统时有诸多不便，如系统内部结构不明确、微分方程求解烦琐等。而传递函数作为在复数域内描述系统的一种数学模型，它以参数来表示系统结构，可以更方便地分析系统结构和参数变化对系统性能的影响。因此传递函数又称为系统的参数模型。

拉普拉斯变换

1. 传递函数的概念

传递函数是指在零初始条件下，线性定常系统被控量的拉普拉斯变换与参考输入量的拉普拉斯变换之比。

> **提示**
>
> 对于零初始条件，系统的参考输入量及其各阶导数在 $t \leqslant 0$ 时的值均为零，系统的被控量及其各阶导数在 $t \leqslant 0$ 时的值均为零。

设初始状态为零时，线性定常系统的被控量为 $c(t)$、参考输入量为 $r(t)$，对应的拉普拉斯变换分别为 $C(s) = L[c(t)]$、$R(s) = L[r(t)]$。

设系统的传递函数用 $G(s)$ 表示，则有

$$G(s) = \frac{L[c(t)]}{L[r(t)]} = \frac{C(s)}{R(s)}$$

线性定常系统微分方程的一般形式为

$$a_0 \frac{d^n c(t)}{dt^n} + a_1 \frac{d^{n-1} c(t)}{dt^{n-1}} + \cdots + a_{n-1} \frac{dc(t)}{dt} + a_n c(t)$$
$$= b_0 \frac{d^m r(t)}{dt^m} + b_1 \frac{d^{m-1} r(t)}{dt^{m-1}} + \cdots + b_{m-1} \frac{dr(t)}{dt} + b_m r(t)$$

对上式进行拉普拉斯变换，整理得

$$G(s) = \frac{C(s)}{R(s)} = \frac{b_0 s^m + b_1 s^{m-1} + \cdots + b_{m-1} s + b_m}{a_0 s^n + a_1 s^{n-1} + \cdots + a_{n-1} s + a_n} = \frac{M(s)}{N(s)}$$

式中：

$M(s)$ ——传递函数分子多项式；

$N(s)$ ——传递函数分母多项式。

2. 传递函数的性质

（1）由于传递函数是经过拉普拉斯变换得到的，因此传递函数只适用于线性定常系统。

（2）传递函数是在零初始条件下定义的，因此它是对系统内部没有任何能量储存条件下的系统描述。

（3）传递函数反映的是系统的固有属性，与系统的参考输入量无关。

（4）传递函数不能反映系统的物理结构和物理特性，因此，不同的系统也可以有同样的传递函数。

（5）传递函数只能描述系统的输入、输出特性，而不能表征系统的内部信息，即对于一个确定参考输入量和被控量的给定系统，其传递函数是唯一的。

（6）由于在实际工程中，能源是有限的，且系统总是具有惯性的，因此传递函数分子多项式的阶数总是不大于传递函数分母多项式的阶数，即 $m \leqslant n$。

3. 传递函数的求取

1）直接计算法

直接计算法就是先建立系统的微分方程，然后在零初始条件下进行拉普拉斯变换，最终得到系统的传递函数。此方法可以使计算大为简便。

【例 1.3】 根据例 1.1 所得的微分方程，求出对应的传递函数。

【解】 由例 1.1 可知，串联 RLC 电路的微分方程为

$$LC\frac{d^2 u_c(t)}{dt^2} + RC\frac{du_c(t)}{dt} + u_c(t) = u_r(t)$$

对其进行拉普拉斯变换，有

$$LCs^2 U_c(s) + RCsU_c(s) + U_c(s) = U_r(s)$$

整理得传递函数为

$$G(s) = \frac{U_c(s)}{U_r(s)} = \frac{1}{LCs^2 + RCs + 1}$$

直接计算法：
典例解析

2）复数阻抗法

对于由电阻、电容、电感等线性元件组成的无源网络系统，在求取其传递函数时，可

以不采用微分方程拉普拉斯变换的方法,而直接采用复数阻抗法。

线性元件复数阻抗的计算是依据广义欧姆定律来确立的。电阻、电容和电感是常见的线性元件,它们的复数阻抗对照表如表 1-3 所示。

表 1-3　电阻、电容、电感的复数阻抗对照表

线性元件	典型电路	微分方程	拉普拉斯变换	复数阻抗
电阻		$u(t)=Ri(t)$	$U(s)=RI(s)$	$Z_R(s)=\dfrac{U(s)}{I(s)}=R$
电容		$u(t)=\dfrac{1}{C}\int i(t)\mathrm{d}t$	$U(s)=\dfrac{1}{Cs}I(s)$	$Z_C(s)=\dfrac{U(s)}{I(s)}=\dfrac{1}{Cs}$
电感		$u(t)=L\dfrac{\mathrm{d}i(t)}{\mathrm{d}t}$	$U(s)=LsI(s)$	$Z_L(s)=\dfrac{U(s)}{I(s)}=Ls$

【例 1.4】　利用复数阻抗法求例 1.1 所示串联 RLC 电路的传递函数。

【解】　由复数阻抗法得分压公式为

$$\frac{Z_C(s)}{Z_R(s)+Z_L(s)+Z_C(s)}\cdot U_\mathrm{r}(s)=U_\mathrm{c}(s)$$

代入对应的复数阻抗,有

$$\frac{\dfrac{1}{Cs}}{R+Ls+\dfrac{1}{Cs}}\cdot U_\mathrm{r}(s)=U_\mathrm{c}(s)$$

整理得该系统的传递函数为

$$G(s)=\frac{U_\mathrm{c}(s)}{U_\mathrm{r}(s)}=\frac{1}{LCs^2+RCs+1}$$

复数阻抗法：
典例解析

> 🔗 **知识链接**
>
> 线性系统具有叠加性和齐次性,这使得线性定常系统的分析更为简便。

任务 1.2　认识典型环节

任务引入

生活中，我们会发现齿轮系中一个齿轮的转速总是和另一个齿轮的转速之间存在固定的比例关系；在物品传送过程中，传送装置总是存在一些时间延迟；在外界温度突然改变时，测温装置并不能立刻显示最终温度；等等。这些都与组成自动控制系统数学模型的典型环节有关。了解了这些典型环节的特性后，分析整个系统的特性将变得更加容易。

本任务主要介绍典型环节的相关内容，知识与技能要求如表 1-4 所示。

表 1-4　知识与技能要求

任务内容	认识典型环节	学习程度		
		识记	理解	应用
学习任务	典型环节的特点	●		
	典型环节的微分方程和传递函数		●	
	典型环节的应用实例	●		
实训任务	认识典型环节的表达形式及应用			●
自我勉励				

任务工单——认识典型环节的表达形式及应用

1. 任务准备

线性定常系统传递函数的一般形式为

$$G(s) = \frac{b_0 s^m + b_1 s^{m-1} + \cdots + b_{m-1} s + b_m}{a_0 s^n + a_1 s^{n-1} + \cdots + a_{n-1} s + a_n}$$

应用因式分解理论，该传递函数通常可写成几个极简因子的乘积，这些因子就是系统典型环节（又称基本环节）对应的传递函数。线性定常系统的典型环节包括比例环节、积分环节、惯性环节、微分环节、比例微分环节、振荡环节和延迟环节等。需要注意的是，典型环节是根据数学模型划分的，与构成系统的实际环节一般没有一一对应关系。

2. 任务实施

根据本任务所学知识，将如表 1-5 所示的典型环节对照表填写完整。

表 1-5 典型环节对照表

环节名称	特点	微分方程	传递函数	应用
比例环节	被控量和参考输入量之间具有一定比例关系，被控量无失真、无延迟		$G(s) = K$	
积分环节	被控量与参考输入量的积分成正比，具有记忆功能			水箱的水位与流量、电容的电量与电流等
惯性环节		$T \dfrac{dc(t)}{dt} + c(t) = r(t)$		直流伺服电动机
微分环节	被控量与参考输入量的一阶导数成比例关系，常被用于改善系统的动态特性	$c(t) = T_d \dfrac{dr(t)}{dt}$		测速发电机
比例微分环节	由比例环节和微分环节组成		$G(s) = T_d s + 1$	超前网络
振荡环节			$G(s) = \dfrac{\omega_n^2}{s^2 + 2\zeta\omega_n s + \omega_n^2}$	RLC 电路、弹簧-质量-阻尼器机械位移系统等
延迟环节	被控量经过一段延迟时间后复现参考输入量	$c(t) = r(t - \tau)$		晶闸管整流装置、管道输送过程等

3．考核评价

任务完成后，根据完成情况填写如表 1-6 所示的考核评价表。

表 1-6 考核评价表

考核项目	评价标准	满分/分	评分/分		
			自评	互评	师评
职业素养考核项目 30%	任务工单整洁、规范	5			
	积极参与，认真思考	10			
	团结协作，与他人密切配合	5			
	发现问题并解决问题	10			
专业能力考核项目 70%	能够掌握典型环节的特点	15			
	能够掌握典型环节的微分方程	20			
	能够掌握典型环节的传递函数	20			
	能够掌握典型环节的具体应用	15			
合计		100			
总评	自评（20%）+互评（20%）+师评（60%）=	综合等级：	教师（签名）：		

4．课堂小结

1.2.1 比例环节

比例环节是指系统的被控量和参考输入量之间具有一定比例关系，被控量能够无失真、无延迟地按一定的比例关系复现参考输入量的典型环节。该环节的微分方程为

$$c(t) = Kr(t)$$

式中：

K——增益，也称为比例系数或放大系数。

该环节的传递函数为

$$G(s) = K$$

比例环节是自动控制系统中最常见的环节，齿轮系、运算放大器等都属于比例环节。实际上理想的比例环节是不存在的，因此，需要注意理想化的条件和适用范围。

1.2.2 积分环节

积分环节是指系统的被控量与参考输入量的积分成正比的典型环节。该环节的微分方程为

$$c(t) = \frac{1}{T_i} \int r(t)\,dt$$

式中：

T_i——积分时间常数。

该环节的传递函数为

$$G(s) = \frac{1}{T_i s}$$

积分环节具有记忆功能，即当系统的参考输入量消失时，积分作用停止，系统的被控量仍保持不变。例如，水箱的水位与流量、电容的电量与电流等都属于积分环节。

1.2.3 惯性环节

惯性环节是指被控量以指数规律变化，而不随参考输入量的突变而突变的典型环节。该环节的微分方程为

$$T\frac{dc(t)}{dt} + c(t) = r(t)$$

式中：

T——惯性时间常数。

该环节的传递函数为

$$G(s) = \frac{1}{Ts+1}$$

惯性环节通常具有一个储能元件，当时间常数很大时，惯性环节趋向于积分环节，当时间常数很小时，惯性环节趋向于比例环节。例如，直流伺服电动机就属于惯性环节。

1.2.4 微分环节

理想微分环节是被控量与参考输入量的一阶导数成比例关系的典型环节。该环节的微分方程为

$$c(t) = T_d \frac{dr(t)}{dt}$$

式中：

T_d——微分时间常数。

该环节的传递函数为

$$G(s) = T_d s$$

由于系统或元件往往具有惯性，因此理想微分环节在实际中难以实现，常采用带有惯性的微分环节，也称实际微分环节，它相当于理想微分环节与惯性环节的串联。以 RC 电路为例，如图 1-5 所示。

该实际微分环节的微分方程为

$$RC \frac{du_c(t)}{dt} + u_c(t) = RC \frac{du_r(t)}{dt}$$

该环节的传递函数为

$$G(s) = \frac{T_d s}{T_d s + 1}$$

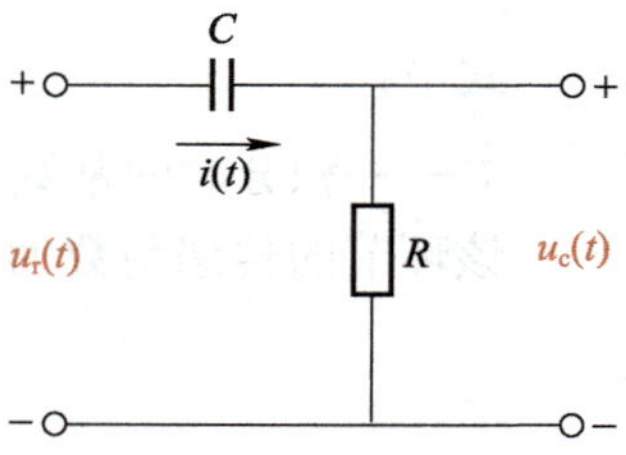

图 1-5 RC 电路

式中：

T_d——微分时间常数，$T_d = RC$。

微分环节在自动控制系统中常被用于改善系统的动态特性，如测速发电机就属于微分环节。

1.2.5 比例微分环节

比例微分环节是由比例环节和微分环节组成的典型环节，又称为一阶微分环节，其微分方程为

$$c(t) = T_d \frac{dr(t)}{dt} + r(t)$$

该环节的传递函数为

$$G(s) = T_d s + 1$$

一些超前网络中会包含比例微分环节。

1.2.6 振荡环节

振荡环节是由二阶微分方程描述的典型环节。该环节的微分方程为

$$T^2 \frac{d^2 c(t)}{dt^2} + 2\zeta T \frac{dc(t)}{dt} + c(t) = r(t)$$

振荡环节

式中：

T ——时间常数；

ζ ——阻尼比。

该环节的传递函数为

$$G(s) = \frac{1}{T^2 s^2 + 2\zeta T s + 1}$$

若令 $\omega_n = \frac{1}{T}$，则有

$$G(s) = \frac{\omega_n^2}{s^2 + 2\zeta \omega_n s + \omega_n^2}$$

式中：

ω_n ——无阻尼振荡频率。

振荡环节通常会有两个独立的储能元件，且它们之间能进行能量转换，从而使被控量出现振荡。例如，RLC 电路、弹簧-质量-阻尼器机械位移系统就属于振荡环节。

1.2.7 延迟环节

延迟环节是指被控量经过一段延迟时间后复现参考输入量的典型环节，又称为时滞环节。该环节的微分方程为

$$c(t) = r(t - \tau)$$

式中：

τ ——延迟时间。

该环节的传递函数为

$$G(s) = e^{-\tau s}$$

在实际中，晶闸管整流装置、管道输送过程等都属于延迟环节。

任务1.3 认识结构图

任务引入

通过原理框图可以很形象地了解自动控制系统的各组成部分及其相互之间的关系,利用微分方程和传递函数,可以具体地建立自动控制系统各组成部分间的定量关系。但是,想要同时了解各元件对系统性能的影响及其相互间的定量关系时,使用以上方法就显得有些困难,而使用结构图就可以同时兼顾以上两个要求。

本任务主要介绍结构图的相关内容,知识与技能要求如表 1-7 所示。

表 1-7 知识与技能要求

任务内容	认识结构图	学习程度		
		识记	理解	应用
学习任务	结构图的组成及绘制	●		
	结构图的等效变换		●	
	利用结构图求闭环控制系统的传递函数		●	
实训任务	作出直流电动机的结构图			●
自我勉励				

项目 1 自动控制系统的数学模型

任务工单——作出直流电动机的结构图

1. 任务准备

（1）回顾电枢控制的直流电动机的工作原理。
（2）回顾微分方程的相关内容。
（3）回顾传递函数的相关内容。

2. 任务实施

根据电枢控制的直流电动机的原理图（见图 1-2），按照 $U_a(s) \rightarrow I_a(s) \rightarrow M(s) \rightarrow \Omega_m(s)$ 的信号传递顺序列出各环节的微分方程和传递函数，并绘制对应的结构图，将结果填入表 1-8 中，最后建立最终的整体结构图。

表 1-8 各环节的微分方程、传递函数和结构图

环节	微分方程	传递函数	结构图
1			
2			
3			
4			

整体结构图：

3．考核评价

任务完成后，根据完成情况填写如表 1-9 所示的考核评价表。

表 1-9　考核评价表

考核项目	评价标准	满分/分	评分/分		
			自评	互评	师评
职业素养考核项目 30%	任务工单整洁、规范	5			
	积极参与，认真思考	10			
	团结协作，与他人密切配合	5			
	发现问题并解决问题	10			
专业能力考核项目 70%	能够正确绘制系统各环节的结构图	40			
	能将系统各环节的结构图正确连接	30			
合计		100			
总评	自评（20%）+互评（20%）+师评（60%）=	综合等级：	教师（签名）：		

4．课堂小结

1.3.1 结构图的组成及绘制

用于描述系统各元件之间的相互关系和信号传递关系的数学图形,称为系统的结构图。结构图综合了微分方程和传递函数可以清楚描述系统特性,以及系统原理框图可以直观反映系统结构的优点,便于进行系统的分析和设计。如图1-6所示为结构图的组成,其中$R(s)$为输入信号,$C(s)$为输出信号。

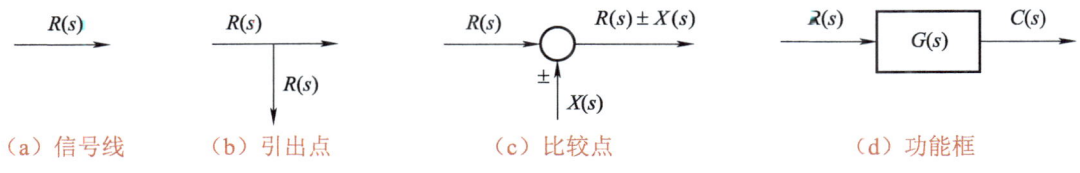

图 1-6 结构图的组成

1. 结构图的组成

结构图由信号线、引出点、比较点和功能框4部分组成。

(1) **信号线**:带有箭头的直线。箭头表示信号传递的方向,在直线旁会标注信号的时间函数或拉普拉斯变换,如图1-6(a)所示。

(2) **引出点**:又称为测量点,表示将信号分多路引出或测量的位置,同一个位置引出的信号的数值大小和性质与原信号完全相同,如图1-6(b)所示。

(3) **比较点**:又称为综合点,具有对两个或两个以上的信号进行代数运算的功能,如图1-6(c)所示。其中,"+"号表示各信号相加,"-"号表示各信号相减,通常"+"号可以省略不写。若需要多个输出信号,通常需要另加引出点。

(4) **功能框**:又称为环节,功能框内为该环节的传递函数,输入功能框的信号的象函数乘以功能框内的传递函数,等于功能框输出信号的象函数,如图1-6(d)所示。

> **提示**
>
> 功能框与系统中的元件并非一一对应关系,一个功能框有时可以表示多个元件甚至一个系统,一个元件有时也可能会需要多个功能框来表示。

2. 结构图的绘制

结构图的绘制步骤一般如下:

(1) 根据信号的传递过程,将目标系统划分成各环节,列出微分方程。

(2) 从输入端开始,依据信号传递方向,依次确定各环节的输入和输出,并求出对应的传递函数。

（3）绘制各环节的结构图。

（4）将各环节相同的信号线连接起来，得到完整的结构图。

【例 1.5】 绘制如图 1-7 所示的 RC 串联电路的结构图。其中，$u_c(t)$ 为被控量，$u_r(t)$ 为参考输入量。

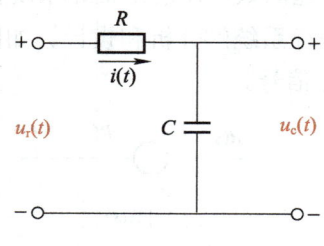

图 1-7 RC 串联电路

【解】 该题可直接利用复数阻抗法，故可不列微分方程。

（1）RC 串联电路由 R 和 C 两个元件组成。

（2）对于 R 元件来说，其输入为 $u_r(t) - u_c(t)$，输出为 $i(t)$；对于 C 元件来说，其输入为 $i(t)$，输出为 $u_c(t)$。利用复数阻抗法，对于 R 元件有 $I(s) = \dfrac{U_r(s) - U_c(s)}{R}$，即 $G(s) = \dfrac{1}{R}$；对于 C 元件有 $U_c(s) = \dfrac{1}{Cs} I(s)$，即 $G(s) = \dfrac{1}{Cs}$。

（3）分别绘制出 R 元件和 C 元件的结构图，如图 1-8 所示。

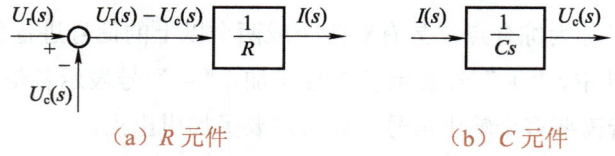

（a）R 元件 （b）C 元件

图 1-8 R 元件和 C 元件的结构图

（4）将各元件的结构图按照信号传递方向依次连接，最终得到 RC 串联电路的结构图，如图 1-9 所示。

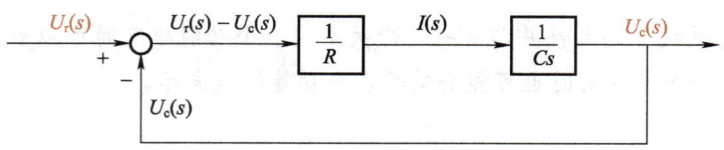

图 1-9 RC 串联电路的结构图

1.3.2 结构图的等效变换

当不考虑系统的具体结构，只注重系统的输入和输出特性时，可以对结构图进行必要的简化，即等效变换。对结构图进行等效变换时，应保证等效变换前后的输入和输出之间的传递函数保持不变。

1. 环节的合并

结构图中各环节间的连接方式主要有串联、并联和反馈连接，对这三种连接方式的环节进行合并，可以将结构图等效变换。

1）串联环节的合并

若在信号传递方向上，后一个环节的输入信号就是前一个环节的输出信号，则称这两个环节的连接方式为串联，如图 1-10（a）所示。

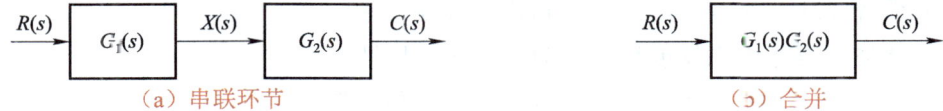

图 1-10 串联环节的合并

此时有

$$X(s) = R(s)G_1(s)$$
$$C(s) = X(s)G_2(s) = R(s)G_1(s)G_2(s)$$

所以合并后的结构图如图 1-10（b）所示，串联环节的等效传递函数为

$$G(s) = \frac{C(s)}{R(s)} = G_1(s)G_2(s)$$

由此可知，当两个环节串联时，其等效传递函数为这两个环节传递函数的乘积。这个结论可以推广到多个环节串联的情况，即串联后的等效传递函数为各串联环节传递函数的乘积。

2）并联环节的合并

若两个环节的输入信号相同，总的输出信号为两个环节输出信号的代数和，则称这两个环节的连接方式为并联，如图 1-11（a）所示。

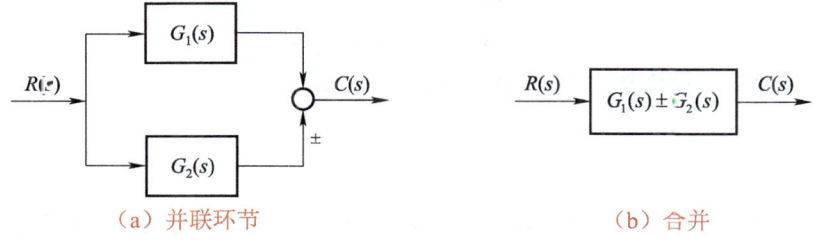

图 1-11 并联环节的合并

此时有

$$C(s) = R(s)G_1(s) \pm R(s)G_2(s) = R(s)[G_1(s) \pm G_2(s)]$$

所以合并后的结构图如图 1-11（b）所示，并联环节的等效传递函数为

$$G(s) = \frac{C(s)}{R(s)} = G_1(s) \pm G_2(s)$$

由此可知，当两个环节并联时，其等效传递函数为这两个环节传递函数的代数和。这个结论可以推广到多个环节并联的情况，即并联后的等效传递函数为各并联环节传递函数的代数和。

3）反馈环节的合并

若将系统或环节的输出信号反馈到输入端并与输入信号进行比较，再作为系统或环节的输入，即为反馈连接，如图 1-12（a）所示。图中 $B(s)$ 为反馈信号，$E(s)$ 为偏差信号。

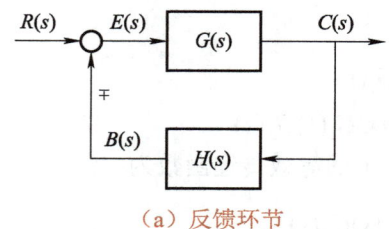
（a）反馈环节

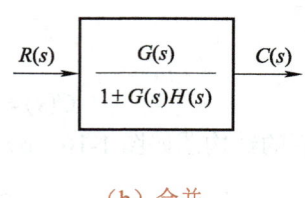
（b）合并

图 1-12　反馈环节的合并

此时有

$$E(s) = R(s) \mp B(s)$$
$$C(s) = E(s)G(s)$$
$$B(s) = C(s)H(s)$$

所以合并后的结构图如图 1-12（b）所示，反馈环节的等效传递函数为

$$\frac{C(s)}{R(s)} = \frac{G(s)}{1 \pm G(s)H(s)}$$

其中，"＋"对应负反馈连接，"－"对应正反馈连接。

> **提示**
>
> 按照信号的传递方向，闭环回路可分成前向通道和反馈通道两个通道，前向通道将信号从输入端传递到输出端，反馈通道则将信号从输出端反馈到输入端。
>
> 另外，当反馈环节的 $H(s)=1$ 时，称为单位反馈，其等效传递函数为
>
> $$\frac{C(s)}{R(s)} = \frac{G(s)}{1 \pm G(s)}$$

2. 比较点和引出点的移动

结构图的等效变换除了环节的合并，还有比较点和引出点的移动，具体包括比较点前移、比较点后移、比较点位置交换或合并、引出点前移、引出点后移及引出点位置交换，其相应的变换规则如表 1-10 所示。

表 1-10 比较点和引出点移动的变换规则

等效变换方式	变换前	变换后
比较点前移	$R_1(s) \to G(s) \to \pm R_2(s) \to C(s)$	$R_1(s) \to \pm \to G(s) \to C(s)$，反馈 $\frac{1}{G(s)} \leftarrow R_2(s)$
比较点后移	$R_1(s) \to \pm R_2(s) \to G(s) \to C(s)$	$R_1(s) \to G(s) \to \pm \to C(s)$，$R_2(s) \to G(s)$
比较点位置交换或合并	$R_1(s) \to \pm \to \pm R_3(s) \to C(s)$，$R_2(s)$ 输入	$R_1(s) \to \pm R_3(s) \to \pm R_2(s) \to C(s)$ 或 $R_1(s) \to \pm R_2(s) \to \pm R_3(s) \to C(s)$
引出点前移	$R(s) \to G(s) \to C(s)$，引出 $C(s)$	$R(s) \to C(s)$，$R(s) \to G(s) \to C(s)$
引出点后移	$R(s) \to G(s) \to C(s)$，引出 $R(s)$	$R(s) \to G(s) \to C(s)$，$\frac{1}{G(s)} \to R(s)$
引出点位置交换	$R(s) \to G(s) \to C(s)$，引出 $C_1(s)$、$C_2(s)$	$R(s) \to G(s) \to C(s)$，引出 $C_1(s)$、$C_2(s)$

【例 1.6】 对如图 1-13 所示的系统进行简化，并求出其传递函数。

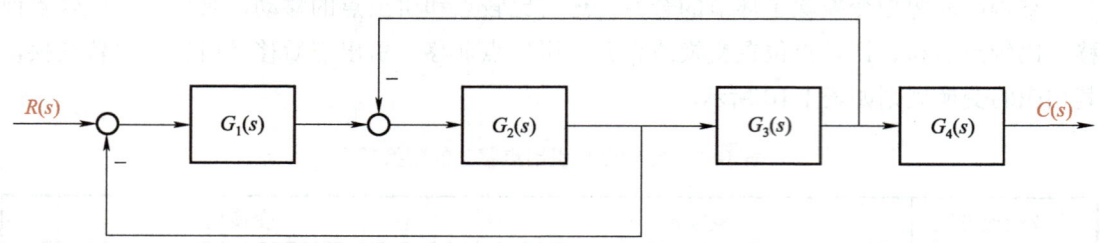

图 1-13　系统的结构图

【解】 此结构图中的两个闭合回路的信号并不独立，因此，在对结构图进行等效变换时，首先将比较点和引出点移出环外，然后按串联、反馈环节的等效变换做进一步简化。具体简化过程如下。

拓展例题

第一步：比较点前移、引出点后移。结果如图 1-14 所示。

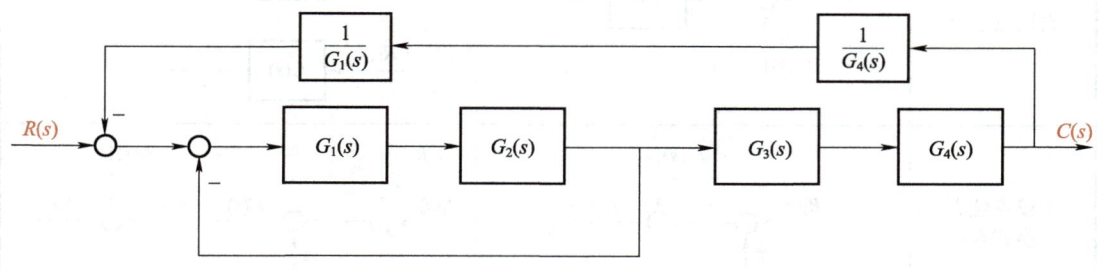

图 1-14　比较点和引出点移动后的结构图

第二步：$G_1(s)$ 与 $G_2(s)$ 串联，$G_3(s)$ 与 $G_4(s)$ 串联，$\dfrac{1}{G_1(s)}$ 和 $\dfrac{1}{G_4(s)}$ 串联，合并后结果如图 1-15 所示。

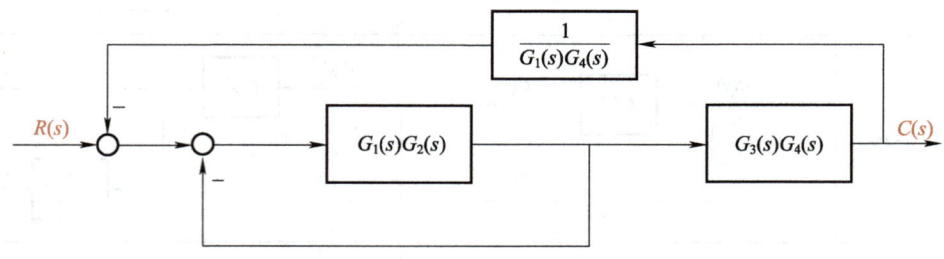

图 1-15　串联环节合并后的结构图

第三步：合并单位反馈后结果如图 1-16 所示。

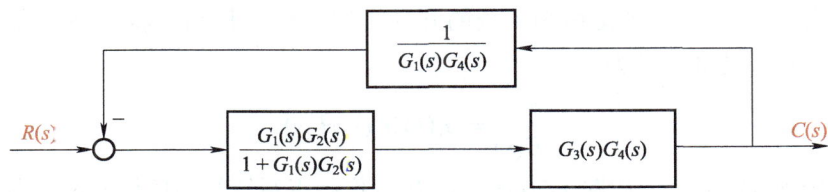

图 1-16 单位反馈合并后的结构图

第四步：$\dfrac{G_1(s)G_2(s)}{1+G_1(s)G_2(s)}$ 和 $G_3(s)G_4(s)$ 串联，合并后结果如图 1-17 所示。

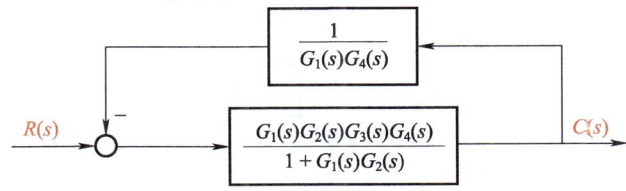

图 1-17 串联环节合并后的结构图

第五步：利用反馈环节的合并进行简化，最终结果如图 1-18 所示。

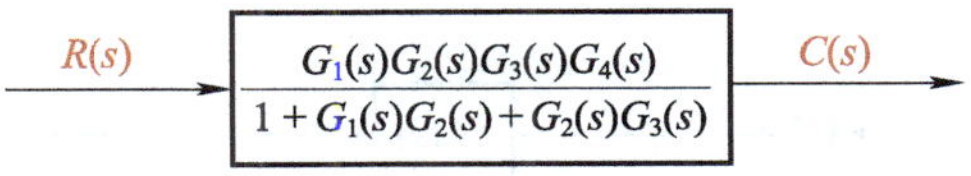

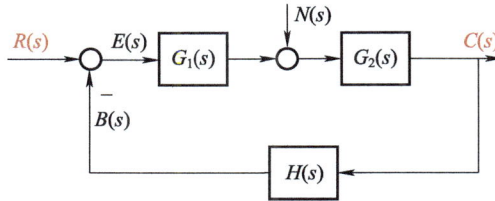

图 1-18 反馈环节合并后的结构图

即该系统的传递函数为

$$G(s)=\dfrac{C(s)}{R(s)}=\dfrac{G_1(s)G_2(s)G_3(s)G_4(s)}{1+G_1(s)G_2(s)+G_2(s)G_3(s)}$$

1.3.3 利用结构图求闭环控制系统的传递函数

在实际工作过程中，自动控制系统除了会受到输入信号 $R(s)$ 的作用，往往还会受到扰动信号 $N(s)$ 的作用。因此，当研究自动控制系统的输出信号 $C(s)$ 时，只考虑输入信号的作用是不全面的。如图 1-19 所示为典型闭环控制系统的结构图。

图 1-19 典型闭环控制系统的结构图

反馈信号与偏差信号之比称为系统的开环传递函数，相当于将反馈通道在输出端断开，则系统的开环传递函数为

$$\frac{B(s)}{E(s)} = G_1(s)G_2(s)H(s)$$

当系统中 $N(s) = 0$ 时，如图 1-20 所示，$R(s)$ 作用下系统的闭环传递函数为

$$G_r(s) = \frac{C_r(s)}{R(s)} = \frac{G_1(s)G_2(s)}{1 + G_1(s)G_2(s)H(s)}$$

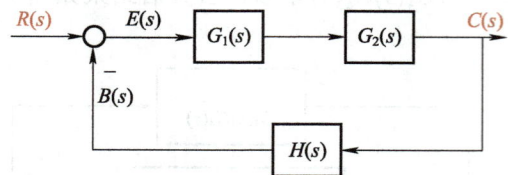

图 1-20　$R(s)$ 作用下系统的结构图

当系统中 $R(s) = 0$ 时，如图 1-21 所示，$N(s)$ 作用下系统的闭环传递函数为

$$G_n(s) = \frac{C_n(s)}{N(s)} = \frac{G_2(s)}{1 + G_1(s)G_2(s)H(s)}$$

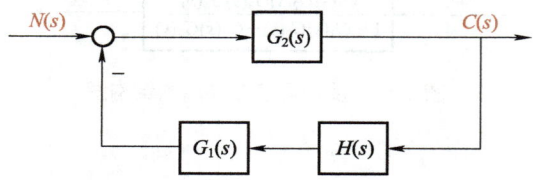

图 1-21　$N(s)$ 作用下系统的结构图

由于闭环控制系统是线性系统，因此可以利用线性叠加原理求得 $R(s)$ 和 $N(s)$ 共同作用下，系统的被控量为

$$C(s) = C_r(s) + C_n(s) = \frac{G_1(s)G_2(s)R(s)}{1 + G_1(s)G_2(s)H(s)} + \frac{G_2(s)N(s)}{1 + G_1(s)G_2(s)H(s)}$$

项目 1　自动控制系统的数学模型

任务 1.4　利用 MATLAB 建模

任务引入

在计算机技术快速发展的当下，自动控制系统被越来越多地应用于高新技术领域，而这些系统的结构往往十分复杂，因此在建立自动控制系统时，需要使用专业的建模软件对系统进行建模分析。MATLAB 因具有强大的算法及数据可视化能力，在自动控制系统的建模仿真、数据分析等方面应用广泛，成为自动控制系统建模的首选工具。

本任务主要介绍 MATLAB 建模的相关内容，知识与技能要求如表 1-11 所示。

表 1-11　知识与技能要求

任务内容	利用 MATLAB 建模	学习程度		
		识记	理解	应用
学习任务	MATLAB 基础知识	●		
	建立传递函数模型			●
	建立结构图模型			●
实训任务	利用 MATLAB 建立系统的传递函数模型			●
自我勉励				

任务工单——利用 MATLAB 建立系统的传递函数模型

1. 任务准备

（1）回顾结构图中各环节间的三种连接方式及其等效变换原则，即串联环节的等效传递函数为各串联环节传递函数的乘积；并联环节的等效传递函数为各并联环节传递函数的代数和；反馈环节的等效传递函数为 $\dfrac{C(s)}{R(s)} = \dfrac{G(s)}{1 \pm G(s)H(s)}$。

（2）下载并安装好 MATLAB 软件，熟悉软件的基本使用方法。

任务实施示范

2. 任务实施

利用 MATLAB 求解如图 1-22 所示的系统的传递函数。其中，$G_1(s) = \dfrac{s+1}{s+3}$，$G_2(s) = \dfrac{1}{s+7}$，$G_3(s) = \dfrac{2s}{s^2+3s+4}$，$H(s) = \dfrac{1}{s+1}$。

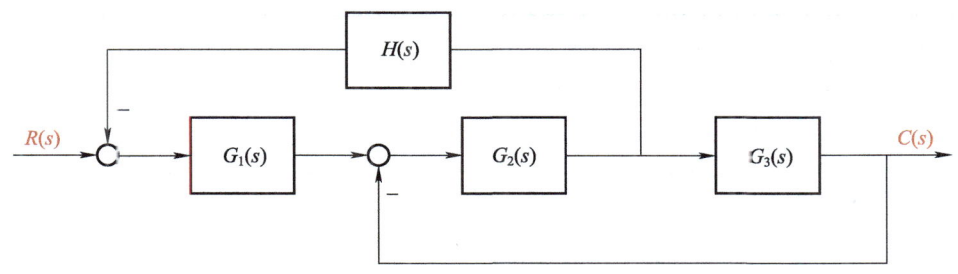

图 1-22 系统的结构图

3．考核评价

任务完成后，根据完成情况填写如表 1-12 所示的考核评价表。

表 1-12　考核评价表

考核项目	评价标准	满分/分	评分/分		
			自评	互评	师评
职业素养考核项目 30%	任务工单整洁、规范	5			
	积极参与，认真思考	10			
	团结协作，与他人密切配合	5			
	发现问题并解决问题	10			
专业能力考核项目 70%	能够熟练操作 MATLAB	35			
	能够利用 MATLAB 正确建立系统的传递函数	35			
合计		100			
总评	自评（20%）+互评（20%）+师评（60%）=	综合等级：	教师（签名）：		

4．课堂小结

1.4.1 MATLAB 基础

MATLAB 在自动控制领域应用广泛，现以 MATLAB 9.1 为例进行介绍。

1. MATLAB 通用命令

1）常用管理命令

如表 1-13 所示为 MATLAB 常用管理命令及其说明。

表 1-13 MATLAB 常用管理命令及其说明

命令	命令说明	命令	命令说明
cd	显示当前工作文件夹	dir	显示当前文件夹或指定目录下的文件
load	加载指定文件的变量	exit（quit）	退出 MATLAB
clc	清除工作窗口中的所有内容	clf	清除图形窗口
hold	图形保持开关	clear	清理内存变量
path	显示搜索目录	disp	显示变量或文字
save	保存到指定文件		

2）常用内容编辑键

如表 1-14 所示为 MATLAB 常用内容编辑键及其说明。

表 1-14 MATLAB 常用内容编辑键及其说明

命令	命令说明	命令	命令说明
Home	使光标置于当前命令行开头	End	使光标置于当前命令行末尾
Delete	删除光标后的字符	Backspace	删除光标前的字符
↑	调用上一行	↓	调用下一行
←	光标左移一个字符	→	光标右移一个字符
Ctrl + ←	光标左移一个单词	Ctrl + →	光标右移一个单词
Alt + Backspace	恢复上一次删除	Esc	清除当前输入行

3）常用标点

如表 1-15 所示为 MATLAB 常用标点及其说明。

表 1-15 MATLAB 常用标点及其说明

命令	命令说明	命令	命令说明
%	注释	!	调用操作系统运算
…	续行	=	赋值
,	函数参数分隔符	;	区分行及取消结果显示

2. MATLAB 变量与函数

MATLAB 会根据对变量的操作及赋予变量的值自动确定变量类型，在赋值过程中，如果变量已经存在，MATLAB 后续将用新值的类型和数值取代旧值的类型和数值。MATLAB 中的变量名应区分大小写并以字母开头，而且其中不能存在标点符号。另外，MATLAB 中有一些预定义的特殊变量称为常量，如表 1-16 所示。

表 1-16 常量及其说明

常量	说明	常量	说明
i 和 j	虚数单位	pi	圆周率 π
realmin	最小可用正实数	realmax	最大可用正实数
Inf	无穷大	NaN	非数值量
eps	计算机的最小浮点数	ans	结果存放的默认变量名

函数是 MATLAB 语言的重要成分，软件中的一些常用函数及其命令如表 1-17 所示，常用算术运算及其运算符如表 1-18 所示。

表 1-17 常用函数及其命令

函数	命令	函数	命令
x^a	x^a	$\sqrt{x}$	sqrt(x)
a^x	a^x	e^x	exp(x)
$|x|$	abs(x)	$\ln x$	log(x)
$\log_2 x$	log2(x)	$\log_{10} x$	log10(x)
$\sin x$	sin(x)	$\cos x$	cos(x)
$\tan x$	tan(x)	$\cot x$	cot(x)
$\arcsin x$	asin(x)	$\arccos x$	acos(x)
$\arctan x$	atan(x)	$\text{arccot} x$	acot(x)

表 1-18 常用算术运算及其运算符

算术运算	MATLAB 运算符	算术运算	MATLAB 运算符
加	+	减	-
乘	*	除	/

【例 1.7】 求 $20\times(7-5)^3+21\div 3$。

【解】 在命令行窗口输入

```
>>20*(7-5)^3+21/3
```

结果显示

```
ans =
   167
```

【例 1.8】 已知 $y = f(x) = 2\sin x + \cos x + \sqrt[3]{x^2}$，求 $f(2)$。

【解】 在命令行窗口输入

```
>>x=2;y=2*sin(x)+cos(x)+x^(2/3)
```

结果显示

```
y =
   2.9898
```

3. MATLAB 作图

MATLAB 可以通过描点、连线将计算结果图形化，最常用的绘制命令是 plot。绘图中常用的线型、颜色、标记点的命令及其说明如表 1-19 所示。设置线型、颜色和标记点时，应将命令置于单引号内，当选用多个命令时，直接在单引号内连用即可。

表 1-19 绘图常用命令及其说明

命令	说明	命令	说明
-	实线	--	虚线
:	点线	-.	虚点线
k	黑色	w	白色
r	红色	g	绿色
b	蓝色	y	黄色
m	紫色	c	青色
.	点	o	圆点
x	叉号	+	加号
*	星号	s	方形
d	菱形	p	五角星
h	六角星		

此外，MATLAB 中还有一些图形标注、控制、保持的命令，如表 1-20 所示。

表 1-20 图形标注、控制、保持命令及其说明

命令	说明	命令	说明
title('图形标题')	添加图形标题	xlabel('x 轴名称')	添加 x 轴标注
ylabel('y 轴名称')	添加 y 轴标注	gtext('标注文本')	用鼠标选择位置添加文本
grid on	绘制坐标网格	grid off	取消坐标网格
hold on	打开图形保持功能	hold off	关闭图形保持功能

下面，我们来综合运用以上作图命令，绘制正弦函数与余弦函数图形。

在命令行窗口输入

```
>>x1=0:0.3:2*pi;              %自变量0和2π为初始值和终止值,0.3为步长
>>y1=sin(x1);
>>plot(x1,y1,'-ko');
>>hold on;
>>x2=0:0.5:2*pi;
>>y2=cos(x2);
>>plot(x2,y2,'--b*');
>>grid on;
>>xlabel('x1,x2');
>>ylabel('y1,y2');
>>title('函数图形');
>>gtext('y1=sin(x1)');         %在图形上选择标注位置,用鼠标单击即可显
                                 示 y1=sin(x1)
>>gtext('y2=cos(x2)')          %选择第二个标注位置,用鼠标单击即可显示
                                 y2=cos(x2)
```

上述命令的结果显示如图1-23所示。

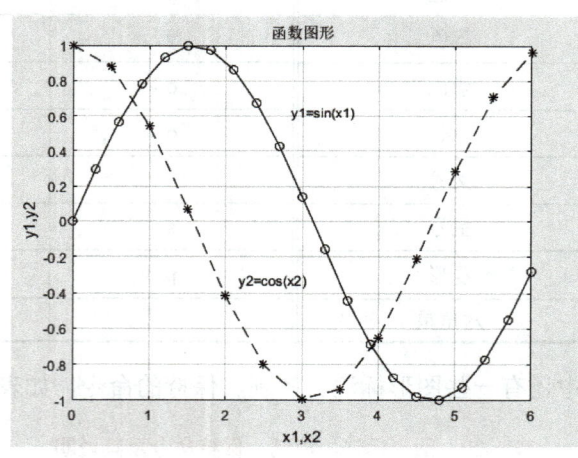

绘制正弦函数
与余弦函数图形

图 1-23 MATLAB 图形

1.4.2 建立传递函数模型

线性定常系统传递函数的一般形式为

$$G(s)=\frac{b_0s^m+b_1s^{m-1}+\cdots+b_{m-1}s+b_m}{a_0s^n+a_1s^{n-1}+\cdots+a_{n-1}s+a_n} \quad (m\leqslant n)$$

MATLAB 中的多项式一般用行向量来表示,依次为多项式按降幂排列后的各项系数。

若某项系数为零，仍然需要输入 0。MATLAB 中，求多项式乘法可以用 conv 函数实现，其调用格式为

$$C=conv(A,B)$$

有了多项式的输入，就可以将传递函数模型输入到 MATLAB 中。软件中求传递函数可以用 tf 函数实现，其调用格式为

$$G=tf(num,den)$$

式中：

num ——分子多项式；

den ——分母多项式。

分子与分母多项式的命令分别为

$$num=[b0,b1,b2,\cdots,bm]$$
$$den=[a0,a1,a2,\cdots,an]$$

【例 1.9】 设系统的传递函数为 $G(s) = \dfrac{2(s+1)(s+6)(3s+2)}{s^4+2s^3+3s+5}$，使用 MATLAB 建立该传递函数模型。

【解】 在命令行窗口输入

```
>>num=2*conv([1,1],conv([1,6],[3,2]));
>>den=[1,2,0,3,5];
>>G=tf(num,den)                    %也可以用 sys=tf(num,den)
```

结果显示

```
G =
 
    6s^3+46s^2+64s+24
    -----------------
    s^4+2s^3+3s+5
 
Continuous-time transfer function.
```

知识链接

传递函数模型也可以直接生成，其调用格式为

$$G=tf([\ ],[\ ])$$

例如，例 1.9 的命令还可以写为

$$G=tf(2*conv([1,1],conv([1,6],[3,2])),[1,2,0,3,5])$$

利用 MATLAB 可以建立串联、并联、反馈连接的传递函数模型。

1. 串联

当 $G_1(s)$ 和 $G_2(s)$ 串联时，在 MATLAB 中可以用 series 函数实现传递函数模型的建

立，该函数的调用格式为

```
[num,den]=series(num1,den1,num2,den2)
```

其中，$G_1(s) = \dfrac{num1}{den1}$，$G_2(s) = \dfrac{num2}{den2}$，$G(s) = G_1(s)G_2(s) = \dfrac{num}{den}$。

2. 并联

当 $G_1(s)$ 和 $G_2(s)$ 并联时，在 MATLAB 中可以用 parallel 函数实现传递函数模型的建立，该函数的调用格式为

```
[num,den]=parallel(num1,den1,num2,den2)
```

其中，$G_1(s) = \dfrac{num1}{den1}$，$G_2(s) = \dfrac{num2}{den2}$，$G(s) = G_1(s) + G_2(s) = \dfrac{num}{den}$。

3. 反馈连接

当 $G(s)$ 和 $H(s)$ 形成反馈连接时，在 MATLAB 中可以用 feedback 函数实现传递函数模型的建立，该函数的调用格式为

```
[num,den]=feedback(numg,deng,numh,denh,sign)
```

其中，$G(s) = \dfrac{numg}{deng}$，$H(s) = \dfrac{numh}{denh}$，$\dfrac{G(s)}{1 \pm G(s)H(s)} = \dfrac{num}{den}$，sign 取 1 代表正反馈，取 -1 代表负反馈，若不设置 sign，则默认为负反馈。

【例 1.10】 利用 MATLAB 求解如图 1-24 所示的系统的传递函数，其中 $G(s) = \dfrac{s+3}{s^2+1}$，$H(s) = \dfrac{2}{3s+1}$。

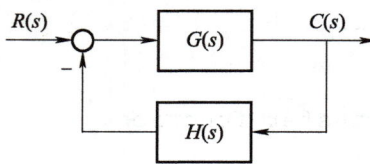

图 1-24 系统的结构图

【解】 在命令行窗口输入

```
>>numg=[1,3];
>>deng=[1,0,1];
>>numh=2;
>>denh=[3,1];
>>[num,den]=feedback(numg,deng,numh,denh);
>>Gs=tf(num,den)      %也可用printsys(num,den)，一种常用的有理式分式显示方式
```

结果显示
```
Gs =
    3s^2+10s+3
    -----------
    3s^3+s^2+5s+7
Continuous-time transfer function.
```

> **知识链接**
>
> （1）利用 MATLAB 建立以上三种连接方式的传递函数模型时，还可以采用以下调用格式
>
> G=series(G1,G2)　　（串联）
> G=parallel(G1,G2)　　（并联）
> G=feedback(G1,G2,sign)　　（反馈连接）
>
> （2）对于单位反馈，在 MATLAB 中还可以用 cloop 函数实现传递函数模型的建立，该函数的调用格式为
>
> [num,den]=cloop(numg,deng,sign)

1.4.3　建立结构图模型

在 MATLAB 中，可以使用 simulink 工具来进行系统结构图模型的建立。使用 simulink 时，可以在工具栏中单击 simulink 按钮进行启动，也可以在命令窗口输入 simulink 进行启动。利用 simulink 能够模拟自动控制系统的不同环节。

建立结构图模型

在使用 simulink 建立系统的结构图模型时，应首先根据需要类型新建一个 Model。这里以新建一个"Blank Model"为例。假设需要建立的系统的结构图如图 1-25 所示，具体步骤如下。

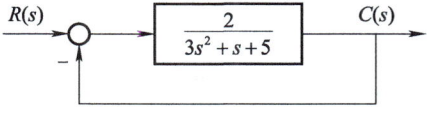

图 1-25　系统的结构图

（1）单击"Blank Model"，新建一个空白模型的编辑窗口。
（2）单击"Library Browser"，打开模型库。
（3）单击"Math Operations"，在库中选择"Sum"图标，如图 1-26 所示。将其拖至编辑窗口内，并在"List of signs"提示窗口内输入"|+−"，也可以双击该图标，将"List of signs"参数中的"|++"修改为"|+−"。

（4）单击"Continuous"，在库中选择"Transfer Fcn"图标，如图 1-27 所示。将其拖至编辑窗口内，并双击图标，在弹出的对话框中设置传递函数的分子和分母多项式的系数。本例中，将"Numerator coefficients"改为[2]，将"Denominator coefficients"改为[3 1 5]。

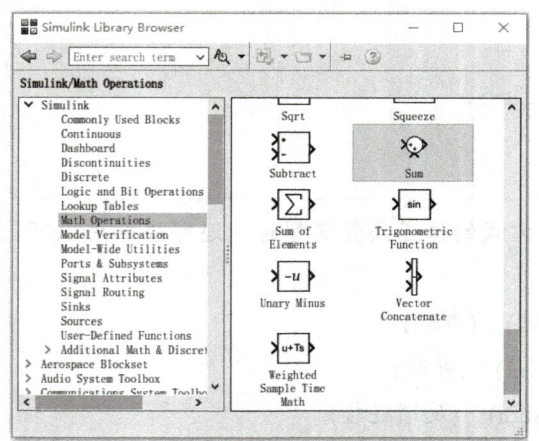
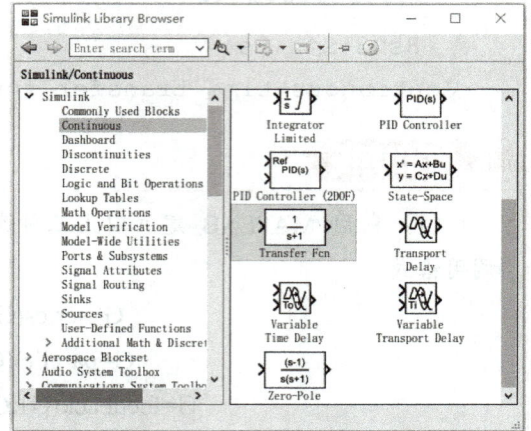

图 1-26　Sum 图标选择窗口　　　　　　图 1-27　Transfer Fcn 图标选择窗口

（5）用鼠标将前一个环节的输出端箭头拖到后一个环节的输入端箭头处，这样就可以将各个环节连接起来形成一个完整的结构图，如图 1-28 所示。由于没有连接输入环节和输出环节，所以图中出现了虚线。

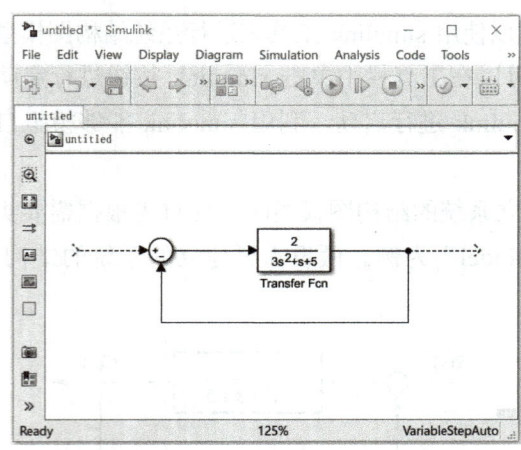

图 1-28　Simulink 建立的结构图模型

项目 1　自动控制系统的数学模型

匠心筑梦

从什么都不懂的小小水电工，到公司技术方面的"领头羊"，对于陈志财来说，技术的突破永远需要刻苦钻研的韧劲和对工作的激情。

2011年，陈志财所在公司的电解铝项目正在起步阶段，而电气运行车间无疑是电解铝产业的动力"心脏"。但在相关机器的调试安装阶段，陈志财发现，对于电气的自动化技术，自己和车间各岗位上的其他职工完全是一头雾水。"这种现象要是一直持续下去，对以后企业的生产、职工的成长都不利，所以我下决心要把这个东西搞明白。"

为此，陈志财前后两次主动申请去深圳培训。从零学起的陈志财表示，对于一开始最简单的基础理论，自己还能跟上，但随着课程进入专业领域，他越来越吃力。为了努力追上课堂进度，每天除了学习固定10小时的课程外，不服输的陈志财还利用晚上时间自学，常常学到凌晨。现在的他不仅能够熟练检修设备，还能够自主编写程序，让机器更"通情达理"。

陈志财的办公室桌面上常年放着他的学习笔记。这些笔记的翻阅者主要是车间的年轻职工。陈志财深知，技术只有通过分享，才能实现传承与创新。他坚持"传帮带"，经常对年轻职工进行技术培训，并在现场手把手指导。仅在动力车间，陈志财培训过的职工就有30多人。"这样才能帮助他们快速成长，使他们成为在关键时刻能站出来的技术性人才。"他说。

对于自己的未来，陈志财仍然充满工作的热忱："我希望能了解更多技术人才的学习方法，能见到更多的先进设备，能学到更多专业方面的新技术，然后在产业生产中做出更多的贡献。"

（资料来源：左雨晴，《陈志财："不服气"让他成为电气车间中的"抱薪者"》，中国新闻网，2023年8月29日）

项目综合考核

课堂练习

1. 填空题

（1）电阻、电容、电感元件的复数阻抗分别为_____、_____、_____。

（2）线性系统具有_____性和_____性。

（3）自动控制系统的典型环节包括比例环节、_____、_____、微分环节、比例微分环节、_____、_____。

（4）系统结构图由_____、_____、_____和_____组成。

（5）结构图环节间的连接方式主要有_____、_____、_____。

（6）开环传递函数为_____与_____之比。

（7）MATLAB 中传递函数调用格式为_____。

2．判断题

（1）在零初始条件下，线性定常系统被控量的拉普拉斯变换与参考输入量的拉普拉斯变换之比称为传递函数。（   ）

（2）传递函数适用于任何系统。（   ）

（3）惯性环节和振荡环节通常都具有储能元件。（   ）

（4）反馈环节的等效传递函数公式中，"＋"对应正反馈连接；"－"对应正反馈连接。（   ）

（5）MATLAB 中进行多项式输入时，若某项系数为零，则该项不需要输入。（   ）

3．简答题

（1）简述建立系统微分方程的一般步骤。

（2）简述传递函数的求取方法。

（3）简述结构图的绘制步骤。

项目综合评价

指导教师根据学生对本项目的实际学习情况进行评价，学生配合指导教师共同完成如表 1-21 所示的学习成果评价表。

表 1-21 学习成果评价表

班级			学号		
姓名			指导教师		
项目名称			自动控制系统的数学模型		
日期					
评价项目	评价内容		评价方式	满分/分	评分/分
知识 40%	微分方程		理论测试	10	
	传递函数			10	
	典型环节			10	
	结构图			10	
技能 40%	建立直流电动机的微分方程模型		实践检验	10	
	认识典型环节的表达形式及应用			10	
	作出直流电动机的结构图			10	
	利用 MATLAB 建立系统的传递函数模型			10	
素养 20%	积极参加教学活动，遵守课堂纪律		综合评价	5	
	主动思考学习，团结协作			5	
	认真负责，按时完成课堂任务			5	
	守正创新，知行合一			5	
合计				100	
自我评价					
指导教师评价					

项目 2　时域分析法

项目导读

掌握了自动控制系统数学模型的建立方法，就可以利用数学模型对给定的自动控制系统进行分析计算，从而根据被控量需要达到的目标，提出相应的改进措施。

时域分析法是一种常用的自动控制系统分析方法，本项目主要围绕时域分析法展开，对系统的典型输入信号、稳定性和稳态性能等进行介绍。

知识目标

- 掌握典型输入信号和时域性能指标。
- 掌握一阶系统和二阶系统的时域分析。
- 掌握稳定性分析。
- 掌握稳态性能分析。

技能目标

- 能够在 MATLAB 中进行时域分析。

素质目标

- 提高沟通能力和辩证分析问题的能力。
- 培养探究学习、协作学习的意识。
- 培养科学严谨、脚踏实地的职业素养。

任务 2.1　认识典型输入信号和时域性能指标

任务引入

时域是指以时间为自变量，描述信号在不同时刻的取值变化的域。由于工程中的自动控制系统大多在时域中运行，因此，想要更好地了解不同信号作用下系统的时域响应，就需要先对这些信号和相关的时域性能指标进行了解。

本任务主要介绍典型输入信号和时域性能指标的相关内容，知识与技能要求如表 2-1 所示。

表 2-1　知识与技能要求

任务内容	认识典型输入信号和时域性能指标	学习程度		
		识记	理解	应用
学习任务	典型输入信号	●		
	时域性能指标		●	
实训任务	标注典型一阶系统的单位阶跃响应曲线			●
自我勉励				

任务工单 ——标注典型一阶系统的单位阶跃响应曲线

1. 任务准备

（1）理解动态性能指标和稳态性能指标的含义。

（2）已知典型一阶系统的单位阶跃响应为

$$c(t) = L^{-1}[C(s)] = 1 - e^{-\frac{t}{T}} \quad (t \geq 0)$$

其中，第一项为稳态分量，第二项为暂态分量。

2. 任务实施

如图 2-1 所示为典型一阶系统的单位阶跃响应曲线，请根据时域性能指标的含义，在图中进行相应的标注。当取 ±5% 的误差带时，试求调节时间。

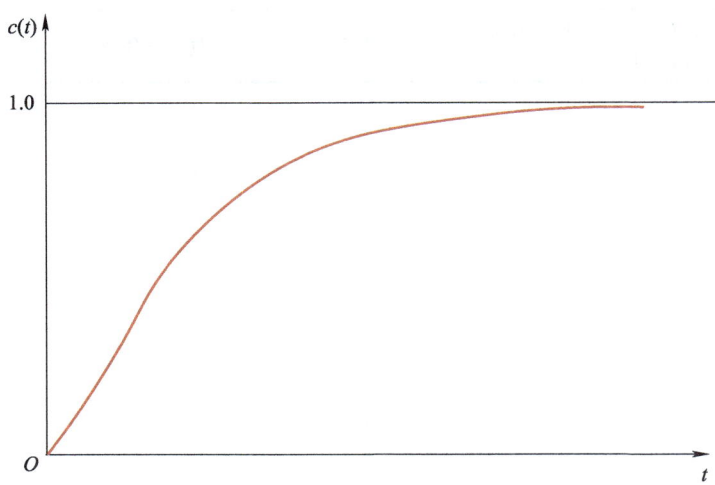

图 2-1 典型一阶系统的单位阶跃响应曲线

3．考核评价

任务完成后，根据完成情况填写如表 2-2 所示的考核评价表。

表 2-2 考核评价表

考核项目	评价标准	满分/分	评分/分		
			自评	互评	师评
职业素养考核项目 30%	任务工单整洁、规范	5			
	积极参与，认真思考	10			
	团结协作，与他人密切配合	5			
	发现问题并解决问题	10			
专业能力考核项目 70%	能正确理解系统响应曲线的各项时域性能指标	35			
	能对典型一阶系统的单位阶跃响应曲线进行正确标注	35			
合计		100			
总评	自评（20%）+互评（20%）+师评（60%）=	综合等级：	教师（签名）：		

4．课堂小结

为了更好地了解输入信号作用后系统输出信号随时间变化的情况,可以采用时域分析法进行分析计算。时域分析法是根据系统的微分方程或传递函数,直接求出给定输入信号作用下系统的时域响应,从而分析系统性能的一种分析方法。时域分析法直观准确,特别适用于一阶、二阶系统的性能分析计算。本任务我们先来了解时域分析的一些基础知识。

2.1.1 典型输入信号

自动控制系统的时域响应与系统本身的结构和参数、初始状态及输入信号的形式有关,当对系统的初始状态及输入信号的形式进行统一规定后,此时系统的时域响应与系统本身的结构和参数相关,便于对系统本身进行研究。

典型输入信号

系统的输入信号有时会进行随机变化,为了更好地进行系统的分析设计,并对系统的时域性能指标进行比较,可以预设一些典型输入信号,即根据常见的输入信号形式,在数学上进行理想化后,得到一些基本输入函数。一般而言,典型输入信号应具有一定代表性且便于分析计算,同时在实验室较易获取。自动控制系统中常见的典型输入信号主要有脉冲信号、阶跃信号、斜坡信号、加速度信号及正弦信号。

1. 脉冲信号

脉冲信号(见图 2-2)的数学表达式为

$$r(t)=\begin{cases} 0, & t<0 \\ \dfrac{A}{\varepsilon}, & 0 \leqslant t \leqslant \varepsilon \\ 0, & t>\varepsilon \end{cases}$$

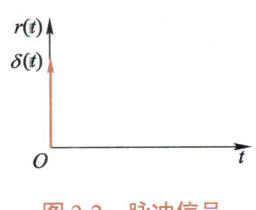

图 2-2 脉冲信号

当 $A=1$,$\varepsilon \to 0$ 时,$r(t)$ 描述的是单位脉冲信号,其函数称为单位脉冲函数,记为 $\delta(t)$,如图 2-2 所示,其数学表达式为

$$\delta(t)=\begin{cases} 0, & t \neq 0 \\ \infty, & t=0 \end{cases}$$

单位脉冲函数的积分面积为 1,即 $\int_{-\infty}^{\infty} \delta(t)\mathrm{d}t=1$,表示脉冲函数的强度,其拉普拉斯变换为 $R(s)=L[\delta(t)]=1$。在自动控制系统中,单位脉冲信号相当于瞬时的信号。当信号的强度很大,持续时间相对于系统的时间常数很小时,则可认为该信号是脉冲信号,如瞬间作用的冲击力、阵风等。

2. 阶跃信号

阶跃信号(见图 2-3)表示在 $t=0$ 时,一个突然加到系统上的不变的信号,如电源突

然接通、负荷突变等，其数学表达式为

$$r(t) = \begin{cases} A, & t \geqslant 0 \\ 0, & t < 0 \end{cases}$$

当 $A=1$ 时，$r(t)$ 描述的是单位阶跃信号，其函数称为单位阶跃函数，记为 $1(t)$，其拉普拉斯变换为 $R(s) = L[r(t)] = \dfrac{1}{s}$。单位阶跃函数对时间的导数为单位脉冲函数。

3．斜坡信号

斜坡信号（见图 2-4）表示从零值开始，随时间以恒定速度增长的信号，故也称为等速度信号，如数控机床加工斜面时的进给指令。其数学表达式为

$$r(t) = \begin{cases} At, & t \geqslant 0 \\ 0, & t < 0 \end{cases}$$

当 $A=1$ 时，$r(t)$ 描述的是单位斜坡信号，其函数称为单位斜坡函数，其拉普拉斯变换为 $R(s) = L[r(t)] = \dfrac{1}{s^2}$。单位斜坡函数对时间的导数为单位阶跃函数。

4．加速度信号

加速度信号（见图 2-5）是随时间以等加速度增长的信号，又称为抛物线信号。其数学表达式为

$$r(t) = \begin{cases} \dfrac{1}{2}At^2, & t \geqslant 0 \\ 0, & t < 0 \end{cases}$$

当 $A=1$ 时，$r(t)$ 描述的是单位加速度信号，其函数称为单位加速度函数，其拉普拉斯变换为 $R(s) = L[r(t)] = \dfrac{1}{s^3}$。单位加速度函数对时间的导数为单位斜坡函数。

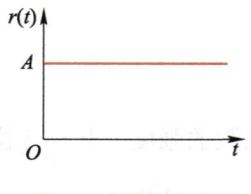
图 2-3　阶跃信号

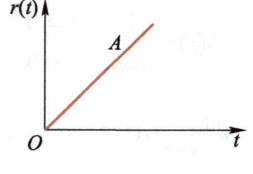
图 2-4　斜坡信号

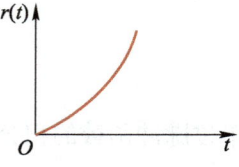
图 2-5　加速度信号

5．正弦信号

正弦信号的数学表达式为

$$r(t) = \begin{cases} A\sin \omega t, & t \geqslant 0 \\ 0, & t < 0 \end{cases}$$

正弦信号的拉普拉斯变换为 $R(s) = L[r(t)] = \dfrac{A\omega}{s^2+\omega^2}$。

正弦信号作为输入信号作用于线性系统时，可求得不同频率的输入信号作用下系统的稳态响应，这是判断系统性能的重要依据。实际生活中，电源、海浪对船只的扰动等都可近似看作正弦信号作用。

> **知识链接**
>
> 在对自动控制系统进行分析时，应根据系统常见的工作情况及最不利情况选取典型输入信号。对同一系统来说，不同输入信号作用下的时域响应不同，但在线性系统中，它们表现出的系统性能是一致的。在对不同系统的性能进行比较研究时，通常选取单位阶跃函数作为各系统的输入信号。

2.1.2　时域性能指标

已知线性定常系统的微分方程为

$$a_0\frac{d^n c(t)}{dt^n} + a_1\frac{d^{n-1} c(t)}{dt^{n-1}} + \cdots + a_{n-1}\frac{dc(t)}{dt} + a_n c(t)$$
$$= b_0\frac{d^m r(t)}{dt^m} + b_1\frac{d^{m-1} r(t)}{dt^{m-1}} + \cdots + b_{m-1}\frac{dr(t)}{dt} + b_m r(t)$$

上述微分方程的解 $c(t)$ 就是系统的时域响应，其由两部分组成，即

$$c(t) = c_1(t) + c_2(t)$$

式中：

$c_1(t)$——齐次微分方程的通解，又称为暂态分量，其变化由相应特征方程的特征根的性质决定；

$c_2(t)$——非齐次微分方程的特解，又称为稳态分量，与系统输入信号有关。

在典型输入信号的作用下，一个系统的时域响应通常由动态过程和稳态过程两部分组成，这里的动态过程对应暂态分量，稳态过程对应稳态分量。描述这两个过程的时域性能指标分别称为动态性能指标和稳态性能指标。

1. 动态性能指标

动态过程又称为动态响应或暂态响应，是系统从 $t=0$ 开始到接近稳态之前的响应过程。在时域中通常以单位阶跃信号作用下系统的动态性能为依据。描述稳定系统在单位阶跃信号作用下，动态过程随时间 t 的变化状况的指标称为动态性能指标。在实际应用中，稳定系统的单位阶跃响应曲线多为振荡衰减型，其相应的动态性能指标如图 2-6 所示。

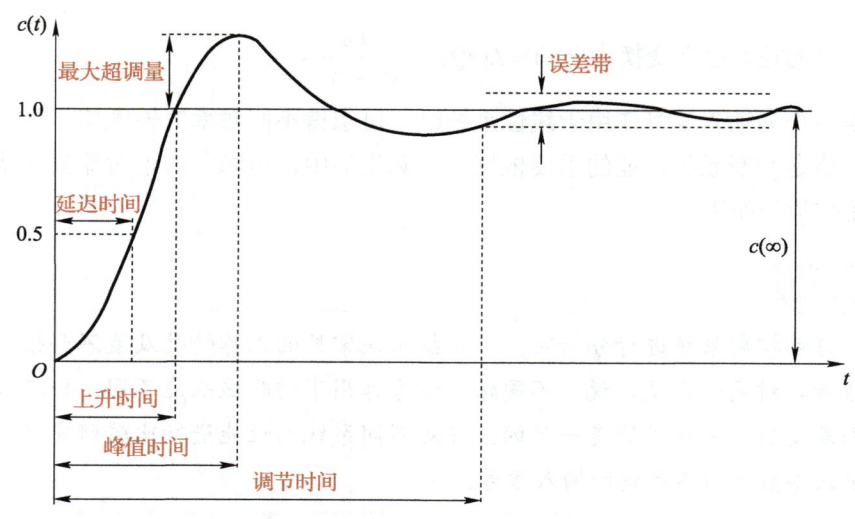

图 2-6 系统的动态性能指标

（1）**延迟时间**（t_d）：响应曲线第一次达到稳态值 $c(\infty)$（又称终值）50%时所需要的时间。

（2）**上升时间**（t_r）：响应曲线从零时刻开始首次达到稳态值时所需要的时间。对于不存在最大超调量的系统，其上升时间为响应曲线从稳态值的10%达到90%时所需要的时间。

（3）**峰值时间**（t_p）：响应曲线超过稳态值后达到第一个峰值所需要的时间。

（4）**调节时间**（t_s）：响应曲线达到并保持在稳态值±5%或±2%的偏差范围（即误差带Δ）内所需要的最短时间。

（5）**最大超调量**（$\sigma\%$）：响应曲线中最大值偏离稳态值的百分数，即

$$\sigma\% = \frac{c(t_p) - c(\infty)}{c(\infty)} \times 100\%$$

（6）**振荡次数**（N）：在调节时间内，响应曲线偏离稳态值的振荡次数。

2．稳态性能指标

稳态过程又称为稳态响应，是在 $t \to \infty$ 时系统的输出状态，通常用稳态性能指标描述。稳态误差是一种常用的稳态性能指标，主要反映的是系统的抗干扰能力。在时间趋于无穷时，系统被控量的实际值与期望值之间的差值就是稳态误差，用 e_{ss} 表示。

> **提示**
>
> 在上述动态性能指标中，上升时间、峰值时间和调节时间反映的是系统响应的快速性，最大超调量和振荡次数反映的是系统的平稳性。
>
> 需要注意的是，并非任何系统都会用到上述动态性能指标。

项目 2　时域分析法

任务 2.2　认识一阶、二阶系统的时域分析

任务引入

了解了自动控制系统的典型输入信号及相关的时域性能指标后，应能将其应用到系统的分析中。一阶系统最为基础，一般只含有一个储能元件，常见于一些控制元件或者简单系统中，如发电机、室温控制系统、恒温系统等。二阶系统在控制工程中应用广泛，如前文中提到的 RLC 电路、弹簧-质量-阻尼器机械位移系统等就属于二阶系统。理论上，二阶系统通常包含两个储能元件，能量可以在两个元件之间进行交换，从而使系统具有振荡趋势。此外，一些高阶系统的特性在一定条件下也可近似用二阶系统的特性来表征。因此，研究并掌握一阶、二阶系统的时域分析十分重要。

本任务主要介绍一阶、二阶系统时域分析的相关内容，知识与技能要求如表 2-3 所示。

表 2-3　知识与技能要求

任务内容	认识一阶、二阶系统的时域分析	学习程度		
		识记	理解	应用
学习任务	一阶系统的时域分析		●	
	二阶系统的时域分析		●	
实训任务	认识一阶、二阶系统的时域分析			●
自我勉励				

项目 2　时域分析法

任务工单——认识一阶、二阶系统的时域分析

1. 任务准备

（1）回顾单位脉冲信号、单位阶跃信号、单位斜坡信号及单位加速度信号的相关知识。

（2）回顾振荡环节的相关知识。

（3）回顾复数的基础知识。

2. 任务实施

将如表 2-4 所示的一阶、二阶系统时域分析表填写完整。

表 2-4　一阶、二阶系统时域分析表

一阶系统		二阶系统		
$r(t)$	$c(t)$	ζ	特征根	单位阶跃响应曲线
$\delta(t)$			$s_1 = -\zeta\omega_n + \omega_n\sqrt{\zeta^2-1}$ $s_2 = -\zeta\omega_n - \omega_n\sqrt{\zeta^2-1}$	
$1(t)$		$\zeta = 1$		
	$t - T + Te^{-\frac{t}{T}}\ (t \geq 0)$			
	$\frac{1}{2}t^2 - Tt + T^2(1-e^{-\frac{t}{T}})\ (t \geq 0)$		$s_1 = j\omega_n$ $s_2 = -j\omega_n$	

3．考核评价

任务完成后，根据完成情况填写如表 2-5 所示的考核评价表。

表 2-5　考核评价表

考核项目	评价标准	满分/分	评分/分		
			自评	互评	师评
职业素养考核项目 30%	任务工单整洁、规范	5			
	积极参与，认真思考	10			
	团结协作，与他人密切配合	5			
	发现问题并解决问题	10			
专业能力考核项目 70%	能够掌握一阶系统对典型输入信号的时域响应	30			
	能够掌握二阶系统在不同阻尼状态下的单位阶跃响应	40			
合计		100			
总评	自评（20%）+互评（20%）+师评（60%）=	综合等级：	教师（签名）：		

4．课堂小结

2.2.1 一阶系统的时域分析

1. 一阶系统的数学模型

用一阶微分方程描述的系统称为一阶系统，其结构图如图 2-7 所示，微分方程为

$$T\frac{\mathrm{d}c(t)}{\mathrm{d}t} + c(t) = r(t)$$

一阶系统实质上是惯性环节，其闭环传递函数为

$$G(s) = \frac{1}{Ts+1}$$

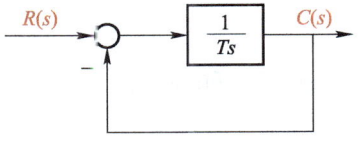

图 2-7 一阶系统结构图

2. 一阶系统的时域响应分析

下面以四种典型输入信号为例，分析一阶系统的时域响应。

1）单位脉冲响应

当输入信号为单位脉冲函数，即 $r(t) = \delta(t)$ 时，系统的输出信号为单位脉冲响应。系统输出信号的拉普拉斯变换为

$$C(s) = G(s)R(s) = \frac{1}{Ts+1} = \frac{\frac{1}{T}}{s + \frac{1}{T}}$$

则其单位脉冲响应为

$$c(t) = L^{-1}[C(s)] = \frac{1}{T}\mathrm{e}^{-\frac{t}{T}} \quad (t \geqslant 0)$$

由此可以得出一阶系统的单位脉冲响应曲线如图 2-8 所示。

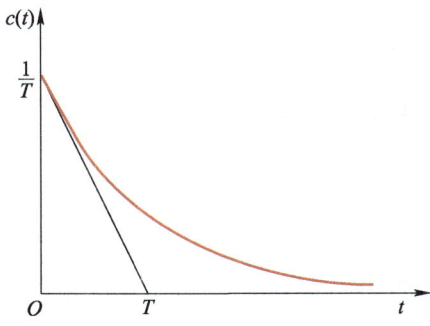

图 2-8 一阶系统的单位脉冲响应曲线

可以看出，时间常数 T 越小，系统响应速度越快。

2）单位阶跃响应

当输入信号为单位阶跃函数，即 $r(t)=1(t)$ 时，系统的输出信号为单位阶跃响应。

系统输出信号的拉普拉斯变换为

$$C(s)=G(s)R(s)=\frac{1}{s(Ts+1)}=\frac{1}{s}-\frac{1}{s+\frac{1}{T}}$$

则其单位阶跃响应为

$$c(t)=L^{-1}[C(s)]=1-e^{-\frac{t}{T}} \quad (t \geqslant 0)$$

由此可以得出一阶系统的单位阶跃响应曲线如图 2-9 所示。

一阶系统单位阶跃响应的动态性能指标如下。

（1）调节时间一般取 $3T \sim 4T$，此时响应曲线达到稳态值的 95%～98%。

（2）延迟时间为 $0.69T$。

（3）上升时间为 $2.20T$。

（4）峰值时间、最大超调量及稳态误差都为 0。

3）单位斜坡响应

当输入信号为单位斜坡函数，即 $r(t)=t$ 时，系统的输出信号为单位斜坡响应。

系统输出信号的拉普拉斯变换为

$$C(s)=G(s)R(s)=\frac{1}{s^2(Ts+1)}=\frac{1}{s^2}-\frac{T}{s}+\frac{T}{s+\frac{1}{T}}$$

则其单位斜坡响应为

$$c(t)=L^{-1}[C(s)]=t-T+Te^{-\frac{t}{T}} \quad (t \geqslant 0)$$

由此可以得出一阶系统的单位斜坡响应曲线如图 2-10 所示。

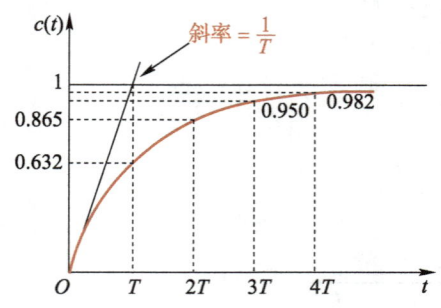

图 2-9　一阶系统的单位阶跃响应曲线

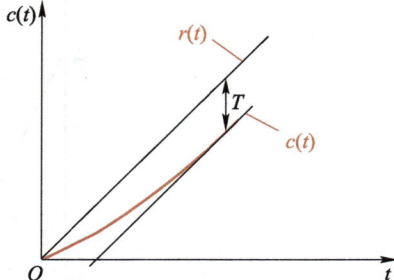

图 2-10　一阶系统的单位斜坡响应曲线

从图中可以得出，系统的稳态误差 $e_{ss}=\lim\limits_{t \to \infty}[r(t)-c(t)]=T$，即减小时间常数 T，可以提高一阶系统斜坡响应的精度。

4）单位加速度响应

当输入信号为单位加速度函数，即 $r(t)=\frac{1}{2}t^2$ 时，系统的输出信号为单位加速度响应。

系统输出信号的拉普拉斯变换为

$$C(s)=G(s)R(s)=\frac{1}{s^3(Ts+1)}=\frac{1}{s^3}-\frac{T}{s^2}+\frac{T^2}{s}-\frac{T^2}{s+\frac{1}{T}}$$

则其单位加速度响应为

$$c(t)=L^{-1}[C(s)]=\frac{1}{2}t^2-Tt+T^2(1-e^{-\frac{t}{T}})\quad(t\geqslant 0)$$

由此可以得出，系统的稳态误差 $e_{ss}=\lim\limits_{t\to\infty}[r(t)-c(t)]=\infty$，即对于单位加速度信号，一阶系统无法进行跟踪。

知识链接

（1）从输出信号看，单位加速度响应的导数为单位斜坡响应，单位斜坡响应的导数为单位阶跃响应，单位阶跃响应的导数为单位脉冲响应。

（2）系统对输入信号导数的响应，等于系统对该输入信号响应的导数；同理，系统对输入信号积分的响应，等于系统对该输入信号响应的积分，而积分常数则根据零初始条件确定。这是线性定常系统的一个重要特性，适用于各阶线性定常系统，但不适用于线性时变系统和非线性系统。

（3）基于上述两点，在研究线性定常系统的时域响应时，通常选取一种典型输入信号进行测定和计算即可。

【例 2.1】 某系统的结构图如图 2-11 所示，试求出其单位阶跃响应的动态性能指标（取 ±5% 的误差带）。

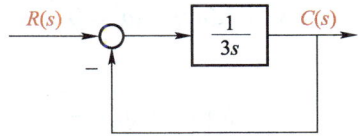

图 2-11 系统的结构图

【解】 系统的闭环传递函数为

$$G(s)=\frac{\frac{1}{3s}}{1+\frac{1}{3s}}=\frac{1}{3s+1}$$

其动态性能指标如下。

（1）调节时间为 $t_s = 3T = 9 \text{ s}$（±5% 误差带）。

（2）延迟时间为 $t_d = 0.69T = 2.07 \text{ s}$。

（3）上升时间为 $t_r = 2.20T = 6.6 \text{ s}$。

（4）峰值时间和最大超调量都为 0。

2.2.2 二阶系统的时域分析

1. 二阶系统的数学模型

用二阶微分方程描述的系统称为二阶系统，其结构图如图 2-12 所示，微分方程为

$$T^2 \frac{d^2 c(t)}{dt^2} + 2\zeta T \frac{dc(t)}{dt} + c(t) = r(t)$$

式中：

T —— 系统振荡周期。

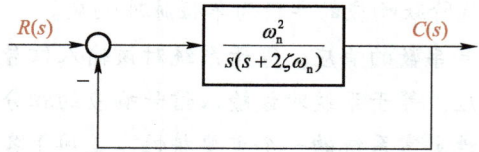

图 2-12 二阶系统的结构图

为研究方便，通常令 $\omega_n = \dfrac{1}{T}$，则系统的闭环传递函数为

$$G(s) = \frac{C(s)}{R(s)} = \frac{\omega_n^2}{s^2 + 2\zeta\omega_n s + \omega_n^2}$$

令系统闭环传递函数的分母为零，可得到系统的特征方程为

$$s^2 + 2\zeta\omega_n s + \omega_n^2 = 0$$

其特征根为

$$s_1 = -\zeta\omega_n + \omega_n\sqrt{\zeta^2 - 1}$$
$$s_2 = -\zeta\omega_n - \omega_n\sqrt{\zeta^2 - 1}$$

2. 二阶系统的单位阶跃响应分析

1）过阻尼状态

当 $\zeta > 1$ 时，系统的特征根为两个不相等的负实数，称为过阻尼状态。系统的两个特征根分别为

$$s_1 = -\zeta\omega_n + \omega_n\sqrt{\zeta^2 - 1}$$

项目 2 时域分析法

$$s_2 = -\zeta\omega_n - \omega_n\sqrt{\zeta^2-1}$$

在单位阶跃信号的作用下,系统输出信号的拉普拉斯变换为

$$C(s) = \frac{\omega_n^2}{(s-s_1)(s-s_2)} \cdot \frac{1}{s} = \frac{\omega_n^2}{s(s-s_1)(s-s_2)} \tag{2-1}$$

对式(2-1)取拉普拉斯反变换得系统的单位阶跃响应为

$$c(t) = 1 - \frac{1}{2\sqrt{\zeta^2-1}}\left[(\zeta+\sqrt{\zeta^2-1})\mathrm{e}^{s_1 t} + (-\zeta+\sqrt{\zeta^2-1})\mathrm{e}^{s_2 t}\right] \quad (t \geq 0)$$

对应的单位阶跃响应曲线如图 2-13 所示。

2) 临界阻尼状态

当 $\zeta=1$ 时,系统的特征根为两个相等的负实数,称为临界阻尼状态。系统的特征根为

$$s_1 = s_2 = -\omega_n$$

在单位阶跃信号的作用下,系统输出信号的拉普拉斯变换为

$$C(s) = \frac{\omega_n^2}{(s+\omega_n)^2} \cdot \frac{1}{s} = \frac{1}{s} - \frac{\omega_n}{(s+\omega_n)^2} - \frac{1}{s+\omega_n} \tag{2-2}$$

对式(2-2)取拉普拉斯反变换得系统的单位阶跃响应为

$$c(t) = 1 - \omega_n t \mathrm{e}^{-\omega_n t} - \mathrm{e}^{-\omega_n t} = 1 - \mathrm{e}^{-\omega_n t}(\omega_n t + 1)$$

对应的单位阶跃响应曲线如图 2-14 所示。

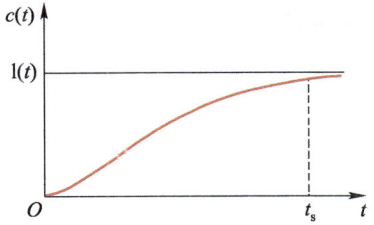

图 2-13 过阻尼二阶系统的单位阶跃响应曲线　　图 2-14 临界阻尼二阶系统的单位阶跃响应曲线

3) 欠阻尼状态

当 $0 < \zeta < 1$ 时,系统的特征根为一对实部为负的共轭复根,称为欠阻尼状态。系统的两个特征根分别为

$$s_1 = -\zeta\omega_n + \mathrm{j}\omega_n\sqrt{1-\zeta^2} = -\zeta\omega_n + \mathrm{j}\omega_d \quad s_2 = -\zeta\omega_n - \mathrm{j}\omega_n\sqrt{1-\zeta^2} = -\zeta\omega_n - \mathrm{j}\omega_d$$

式中:

ω_d ——阻尼振荡频率,$\omega_d = \omega_n\sqrt{1-\zeta^2}$。

在单位阶跃信号的作用下,系统输出信号的拉普拉斯变换为

$$C(s) = \frac{\omega_n^2}{(s+\zeta\omega_n)^2+\omega_d^2} \cdot \frac{1}{s} = \frac{1}{s} - \frac{s+\zeta\omega_n}{(s+\zeta\omega_n)^2+\omega_d^2} - \frac{\zeta\omega_n}{(s+\zeta\omega_n)^2+\omega_d^2} \tag{2-3}$$

对式（2-3）取拉普拉斯反变换得系统的单位阶跃响应为

$$c(t) = 1 - e^{-\zeta\omega_n t}\left[\cos\omega_d t + \frac{\zeta}{\sqrt{1-\zeta^2}}\sin\omega_d t\right] = 1 - \frac{1}{\sqrt{1-\zeta^2}}e^{-\zeta\omega_n t}\sin(\omega_d t + \beta) \quad (t \geq 0) \quad (2\text{-}4)$$

其中，$\beta = \arctan\dfrac{\sqrt{1-\zeta^2}}{\zeta}$。

其对应的单位阶跃响应曲线如图 2-15 所示。

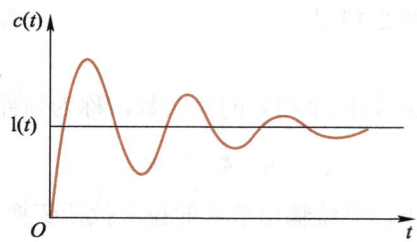

图 2-15 欠阻尼二阶系统的单位阶跃响应曲线

4）无阻尼状态

当 $\zeta = 0$ 时，系统的特征根为一对纯虚根，称为无阻尼状态。系统的两个特征根分别为

$$s_1 = j\omega_n, \quad s_2 = -j\omega_n$$

在单位阶跃信号的作用下，系统输出信号的拉普拉斯变换为

$$C(s) = \frac{\omega_n^2}{s^2 + \omega_n^2} \cdot \frac{1}{s} = \frac{1}{s} - \frac{s}{s^2 + \omega_n^2} \quad (2\text{-}5)$$

对式（2-5）取拉普拉斯反变换得系统的单位阶跃响应为

$$c(t) = 1 - \cos\omega_n t \quad (t \geq 0)$$

对应的响应曲线如图 2-16 所示。

不同阻尼比条件下，二阶系统的单位阶跃响应曲线如图 2-17 所示，从中可以分析出如下结论。

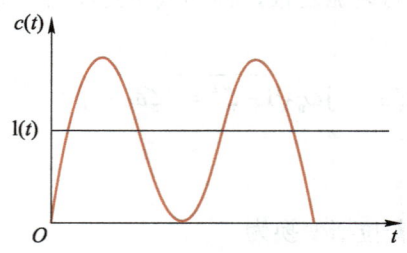

图 2-16 无阻尼二阶系统的单位阶跃响应曲线

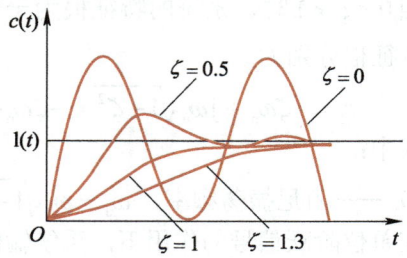

图 2-17 二阶系统的单位阶跃响应曲线

（1）过阻尼 ($\zeta>1$) 二阶系统的单位阶跃响应为单调上升的曲线，没有最大超调量，调节时间最长。

（2）临界阻尼 ($\zeta=1$) 二阶系统的单位阶跃响应为单调上升曲线，没有最大超调量，响应速度比过阻尼二阶系统快。

（3）欠阻尼 ($0<\zeta<1$) 二阶系统的单位阶跃响应为振荡衰减的曲线，上升时间和调节时间都较短，但是有最大超调量。

（4）无阻尼 ($\zeta=0$) 二阶系统的单位阶跃响应为等幅振荡的曲线，上升时间最短。

3．欠阻尼二阶系统的动态性能指标

当 $\zeta \geqslant 1$ 时，二阶系统的响应较慢；当 $\zeta \leqslant 0$ 时，二阶系统不能正常工作。因此，分析欠阻尼条件下二阶系统的动态性能指标更具有实际意义。

二阶系统的单位阶跃响应分析

1）上升时间

由上升时间的定义可知，当 $t=t_r$ 时，$c(t_r)=1$，根据式（2-4）可求得

$$t_r = \frac{\pi-\beta}{\omega_d} = \frac{\pi-\beta}{\omega_n\sqrt{1-\zeta^2}} \tag{2-6}$$

由式（2-6）可知，β 一定时，增大无阻尼振荡频率或减小阻尼比，都可以缩短系统的上升时间。

2）峰值时间

由峰值时间的定义可知，$c(t)$ 在 $t=t_p$ 时的导数为零，于是根据式（2-4）可求得 $\sin\omega_d t_p = 0$，即 $\omega_d t_p = k\pi$，$k=0,1,2,\cdots$，根据峰值时间的定义取 $k=1$，有

$$t_p = \frac{\pi}{\omega_d} = \frac{\pi}{\omega_n\sqrt{1-\zeta^2}} \tag{2-7}$$

3）调节时间

欠阻尼状态下系统的单位阶跃响应是随时间而逐渐振荡衰减的，且这一振荡过程在两条包络线之间，如图 2-18 所示。通过与振荡过程中的峰值相切可得到响应曲线的包络线，其方程为

$$c_b(t) = 1 \pm \frac{e^{-\zeta\omega_n t}}{\sqrt{1-\zeta^2}}$$

由此可近似估算得到调节时间为 $t_s \approx \dfrac{3}{\zeta\omega_n}$ ($\Delta=\pm 5\%$)，$t_s \approx \dfrac{4}{\zeta\omega_n}$ ($\Delta=\pm 2\%$)。

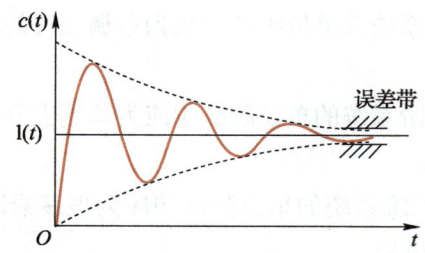

图 2-18 欠阻尼二阶系统单位阶跃响应的包络线

4)最大超调量

由最大超调量的定义可知,最大超调量发生在峰值时间,将式(2-7)代入式(2-4)可求得

$$\sigma\% = e^{-\frac{\zeta\pi}{\sqrt{1-\zeta^2}}} \times 100\% \tag{2-8}$$

可见,最大超调量只与阻尼比有关,阻尼比越大,最大超调量越小。因此,系统的阻尼比通常根据最大超调量的要求初步确定。

5)振荡次数

令系统单位阶跃响应的振荡周期为 T_d,根据振荡次数的定义,有

$$N = \frac{t_s}{T_d} = \frac{\omega_d t_s}{2\pi} \tag{2-9}$$

当 $\Delta = \pm 5\%$ 时,$N \approx \frac{3\sqrt{1-\zeta^2}}{2\pi\zeta}$;当 $\Delta = \pm 2\%$ 时,$N \approx \frac{2\sqrt{1-\zeta^2}}{\pi\zeta}$。

可见,振荡次数只与阻尼比有关,阻尼比越小,振荡次数越多,即振荡得越厉害。通常振荡次数取整数。

综上所述,增大阻尼比,可以降低最大超调量、减少振荡次数,即可提高系统动态过程的稳定性;增大无阻尼振荡频率,可以缩短调节时间,即可提高系统响应的快速性。一般而言,稳定性和快速性是互相矛盾的,因此在实际工程中,需要根据具体需求具体分析。

> **提示**
>
> (1)为了兼顾稳定性和快速性,阻尼比一般取 0.4~0.8。
> (2)工程中常采用的最佳阻尼比为 $\zeta = 0.707$。

项目 2　时域分析法

任务 2.3　认识稳定性分析及稳态性能分析

任务引入

在实际工程中，负载的变化、能源的波动、系统参数的改变、环境的变化等都会对系统产生不利影响，如果系统不稳定，则在受到影响后无法正常工作。稳定性是系统能够正常工作的基本前提，此外还要保证系统能够满足控制精度的要求。因此，分析系统的稳定性和稳态性能是十分必要的。

本任务主要介绍稳定性及稳态性能的相关内容，知识与技能要求如表 2-6 所示。

表 2-6　知识与技能要求

任务内容	认识稳定性分析及稳态性能分析	学习程度		
		识记	理解	应用
学习任务	稳定性分析		●	
	稳态性能分析		●	
实训任务	认识稳态误差			●

自我勉励

任务工单 ——认识稳态误差

1. 任务准备

回顾阶跃信号、斜坡信号及加速度信号这三种典型输入信号的数学表达式和拉普拉斯变换,具体内容如下。

(1) 对于阶跃信号,有 $r(t)=A\cdot 1(t)$,其拉普拉斯变换为 $\dfrac{A}{s}$。

(2) 对于斜坡信号,有 $r(t)=At$,其拉普拉斯变换为 $\dfrac{A}{s^2}$。

(3) 对于加速度信号,有 $r(t)=\dfrac{1}{2}At^2$,其拉普拉斯变换为 $\dfrac{A}{s^3}$。

2. 任务实施

将表 2-7 所示的典型输入信号作用下不同型别系统的静态误差系数与稳态误差补充完整,并根据如图 2-19 所示的系统结构图,求出当 $r(t)=2t+\dfrac{1}{2}t^2$ 时系统的稳态误差。

表 2-7 典型输入信号作用下不同型别系统的静态误差系数与稳态误差

系统型别	输入信号的形式					
	阶跃信号		斜坡信号		加速度信号	
	K_p	$e_{ssr}=\dfrac{A}{1+K_p}$	K_v	$e_{ssr}=\dfrac{A}{K_v}$	K_a	$e_{ssr}=\dfrac{A}{K_a}$
0 型						
Ⅰ 型						
Ⅱ 型						

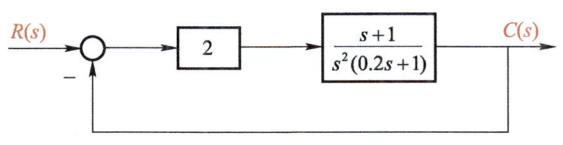

图 2-19 系统结构图

3．考核评价

任务完成后，根据完成情况填写如表 2-8 所示的考核评价表。

表 2-8 考核评价表

考核项目	评价标准	满分/分	评分/分		
			自评	互评	师评
职业素养考核项目 30%	任务工单整洁、规范	5			
	积极参与，认真思考	10			
	团结协作，与他人密切配合	5			
	发现问题并解决问题	10			
专业能力考核项目 70%	掌握典型输入信号作用下不同型别系统的静态误差系数与稳态误差	35			
	能够正确计算系统的稳态误差	35			
合计		100			
总评	自评（20%）+互评（20%）+师评（60%）=	综合等级：	教师（签名）：		

4．课堂小结

2.3.1 稳定性分析

稳定性是系统的固有属性，与自身结构、参数等有关，而与输入信号、初始状态等无关。

1. 线性系统稳定的充分必要条件

一个稳定的系统，其暂态分量必须是衰减的，暂态分量与输入信号无关，主要取决于系统的传递函数。

由前述分析可知，线性系统的传递函数为

$$G(s) = \frac{C(s)}{R(s)} = \frac{b_0 s^m + b_1 s^{m-1} + \cdots + b_{m-1}s + b_m}{a_0 s^n + a_1 s^{n-1} + \cdots + a_{n-1}s + a_n}$$

系统的特征方程为

$$a_0 s^n + a_1 s^{n-1} + \cdots + a_{n-1}s + a_n = 0$$

对系统的特征根（闭环传递函数的极点）情况分析如下。

（1）若系统的所有特征根均具有负实部，则系统的动态过程将逐渐衰减并趋向于零，此时系统是稳定的。反之，若系统存在一个或一个以上的特征根具有正实部，则系统的动态过程趋向发散，此时系统是不稳定的。

（2）若系统的特征根中有一个或一个以上没有实部，而其余特征根均具有负实部，则系统的动态过程趋向于常数或等幅正弦振荡，此时的系统处于临界稳定状态。临界稳定状态在工程上一般被认为是不稳定状态。

综上所述，线性系统稳定的充分必要条件为：系统的所有特征根均具有负实部，即闭环传递函数的极点均位于 s 平面虚轴的左侧，如图2-20所示。

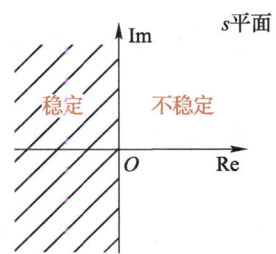

图 2-20 稳定系统的极点分布图

2. 劳斯判据

当系统阶数较高时，求解特征根十分麻烦。因此，对于高阶系统，一般采取间接方法判断其稳定性。而劳斯判据则能在不求解系统特征根的条件下判定特征根的实部是否为正值。

1）一般情况

用劳斯判据判断系统稳定性的一般方法如下。

（1）写出系统的特征方程，并整理为标准形式，即

$$a_0 s^n + a_1 s^{n-1} + a_2 s^{n-2} + \cdots + a_{n-1} s + a_n = 0 \tag{2-10}$$

则使系统稳定的前提条件是特征方程的系数 a_i（$i = 0,1,2,\cdots,n$）均大于零且不缺项。

（2）将式（2-10）的系数按以下形式排列，即可得到劳斯表。

$$\begin{array}{cccc}
s^n & a_0 & a_2 & a_4 & \cdots \\
s^{n-1} & a_1 & a_3 & a_5 & \cdots \\
s^{n-2} & b_1 & b_2 & b_3 & \cdots \\
s^{n-3} & c_1 & c_2 & c_3 & \cdots \\
\vdots & \vdots & \vdots & \vdots \\
s^1 & f_1 \\
s^0 & g_1
\end{array}$$

其中，前两行由特征方程的系数直接构成，第三行的计算公式如下

$$b_1 = -\frac{1}{a_1} \begin{vmatrix} a_0 & a_2 \\ a_1 & a_3 \end{vmatrix} = \frac{a_1 a_2 - a_0 a_3}{a_1}, \quad b_2 = -\frac{1}{a_1} \begin{vmatrix} a_0 & a_4 \\ a_1 & a_5 \end{vmatrix} = \frac{a_1 a_4 - a_0 a_5}{a_1}, \cdots$$

第四行的计算公式如下

$$c_1 = -\frac{1}{b_1} \begin{vmatrix} a_1 & a_3 \\ b_1 & b_2 \end{vmatrix} = \frac{b_1 a_3 - a_1 b_2}{b_1}, \quad c_2 = -\frac{1}{b_1} \begin{vmatrix} a_1 & a_5 \\ b_1 & b_3 \end{vmatrix} = \frac{b_1 a_5 - a_1 b_3}{b_1}, \cdots$$

用相同的方法计算其余各行，直到 s^0 行计算完成。

（3）用劳斯判据判断系统的稳定性。

① 若劳斯表中第一列的各项均大于零，则系统是稳定的。

② 若劳斯表中第一列各项的符号发生变化，则系统是不稳定的，且符号改变的次数等于特征根在 s 右半平面的个数。

【例 2.2】 设系统的特征方程为 $s^4 + 3s^3 + 7s^2 + 3s + 1 = 0$，试用劳斯判据判断系统的稳定性。

【解】 特征方程各项系数均大于零且无缺项，列出劳斯表如下。

$$\begin{array}{cccc}
s^4 & 1 & 7 & 1 \\
s^3 & 3 & 3 & 0 \\
s^2 & -\frac{1}{3}\begin{vmatrix} 1 & 7 \\ 3 & 3 \end{vmatrix} = 6 & 1 \\
s^1 & -\frac{1}{6}\begin{vmatrix} 3 & 3 \\ 6 & 1 \end{vmatrix} = \frac{5}{2} \\
s^0 & 1
\end{array}$$

劳斯表中第一列系数全部大于零，所以系统是稳定的。

2）特殊情况

在劳斯表的计算过程中会遇到以下两种出现零的情况。

（1）劳斯表中某行的第一项为零，而该行其余各项不全为零。此时可以用很小的正数 ε 代替零，然后继续计算劳斯表。若 ε 上下各项符号不同，则第一列各项的符号有改变，系统不稳定；若 ε 上下各项符号相同，则说明系统存在一对虚根，系统处于临界稳定状态。

（2）劳斯表中某行所有项全部为零。此时可以利用上一行各项构成辅助方程，并对辅助方程求导，用得到的新方程的各项系数代替原来的零，然后继续计算劳斯表。

【例 2.3】 设系统的特征方程为 $s^4+4s^3+s^2+4s+2=0$，试用劳斯判据判断系统的稳定性。

【解】 特征方程各项系数均大于零且无缺项，列出劳斯表如下。

$$
\begin{array}{c|cc}
s^4 & 1 & 1 & 2 \\
s^3 & 4 & 4 & 0 \\
s^2 & 0(\varepsilon) & 2 \\
s^1 & 4-\dfrac{8}{\varepsilon} \\
s^0 & 2
\end{array}
$$

由于 $\varepsilon \to 0$，即 $4-\dfrac{8}{\varepsilon}$ 为一负数，因此劳斯表中第一列各项的符号改变了两次，即有两个位于 s 右半平面的特征根，此时系统是不稳定的。

【例 2.4】 设系统的特征方程为 $s^5+s^4+3s^3+3s^2+2s+2=0$，试用劳斯判据判断系统的稳定性。

【解】 特征方程各项系数均大于零且无缺项，列出劳斯表如下。

$$
\begin{array}{c|cc}
s^5 & 1 & 3 & 2 \\
s^4 & 1 & 3 & 2 \\
s^3 & 0 & 0
\end{array}
$$

s^3 行各项均为零，s^4 行各项构成的辅助方程为 $F(s)=s^4+3s^2+2$，对 $F(s)$ 求导得

$$F'(s)=4s^3+6s \qquad (2\text{-}11)$$

将式（2-11）中各项的系数作为 s^3 行的各项继续计算劳斯表中的其余各项，得到的最终劳斯表如下。

$$
\begin{array}{c|cc}
s^5 & 1 & 3 & 2 \\
s^4 & 1 & 3 & 2 \\
s^3 & 4 & 6 \\
s^2 & \dfrac{3}{2} & 2 \\
s^1 & \dfrac{2}{3} \\
s^0 & 2
\end{array}
$$

可以看出，劳斯表中第一列系数全部大于零，由 $F(s)=0$ 可解得系统有两对共轭虚根 $s_{1,2}=\pm j$，$s_{3,4}=\pm j\sqrt{2}$。因此，系统处于临界稳定状态。

2.3.2 稳态性能分析

系统的稳态性能通常用稳态误差进行评价，稳态误差是系统控制精度的一种度量，只有满足了控制精度，系统才具有工程意义。因此，减小系统的稳态误差是自动控制系统设计的任务之一。

1. 误差的定义

常见的定义系统误差的方法有两种，分别是由系统输入端定义和由系统输出端定义。

1）由系统输入端定义

由系统输入端定义，误差为系统参考输入量与反馈量之差，即

$$e(t)=r(t)-b(t)$$

式中：

$r(t)$ ——系统的参考输入量；

$b(t)$ ——系统的反馈量。

其拉普拉斯变换为

$$E(s)=R(s)-B(s)=R(s)-C(s)H(s)$$

其对应的系统结构图如图 2-21 所示。

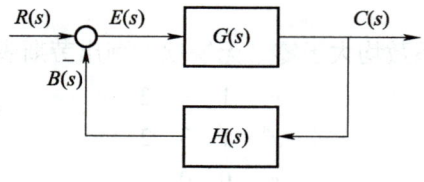

图 2-21 系统结构图

2）由系统输出端定义

由系统输出端定义，误差为系统被控量的期望值与实际值之差，即

$$e'(t)=c_r(t)-c(t)$$

式中：

$c_r(t)$ ——系统被控量的期望值；

$c(t)$ ——系统被控量的实际值。

其拉普拉斯变换为

$$E'(s)=C_r(s)-C(s)$$

因为 $R(s)-C_r(s)H(s)=0$,所以

$$C_r(s)=\frac{R(s)}{H(s)}$$

即

$$E'(s)=\frac{R(s)}{H(s)}-C(s)$$

对于单位反馈系统,以上两种定义方法得出的结果是一致的,而对于非单位反馈系统,它们之间存在如下关系

$$E'(s)=\frac{1}{H(s)}E(s)$$

提示

由系统输出端定义的误差更接近误差的理论意义,但在实际中有时无法测量,因此,这种定义方法一般只具有数学意义。由系统输入端定义的误差在实际中是可以测量的,所以,在系统的分析设计中多采用这种定义方法。本书如无特殊说明,均采用由系统输入端定义的误差。

2. 稳态误差的计算

按输入信号形式的不同,系统的稳态误差分为给定信号作用下的稳态误差和扰动量作用下的稳态误差,前者常用于评估随动系统,后者常用于评估恒值系统。

1) 给定信号作用下的稳态误差

根据误差及系统的开环传递函数的定义,系统误差的拉普拉斯变换为

$$E(s)=R(s)-B(s)=R(s)-G(s)H(s)E(s)$$

$$E(s)=\frac{1}{1+G(s)H(s)}R(s) \qquad (2-12)$$

由于系统的稳态误差是时间 $t\to\infty$ 时,误差 $e(t)$ 的终值,因此,根据终值定理可得系统的稳态误差为

$$e_{ss}=\lim_{t\to\infty}e(t)=\lim_{s\to 0}sE(s) \qquad (2-13)$$

根据式(2-12)和式(2-13)可得,给定信号作用下的稳态误差 e_{ssr} 为

$$e_{ssr}=\lim_{s\to 0}s\frac{1}{1+G(s)H(s)}R(s) \qquad (2-14)$$

由式(2-14)可知,给定信号作用下系统的稳态误差不仅与输入信号有关,还与系统的开环传递函数有关。

2）扰动量作用下的稳态误差

设扰动量 $n(t)$ 作用下的系统结构图如图 2-22 所示。

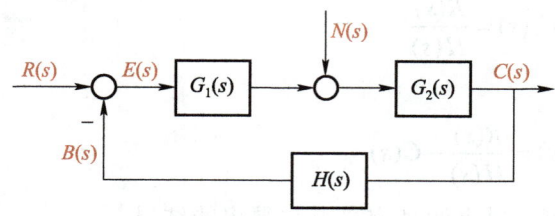

图 2-22　扰动量 $n(t)$ 作用下的系统结构图

将图 2-22 变形为图 2-23 所示的结构图，可以得到扰动量 $n(t)$ 作用下的误差传递函数为

$$\frac{E(s)}{N(s)} = -\frac{G_2(s)H(s)}{1+G_1(s)G_2(s)H(s)}$$

故扰动量 $n(t)$ 作用下的稳态误差 e_{ssn} 为

$$e_{ssn} = \lim_{s \to 0}\left[-\frac{sG_2(s)H(s)}{1+G_1(s)G_2(s)H(s)}N(s)\right]$$

综上，系统在给定信号和扰动量同时作用下的稳态误差 e_{ss} 可表示为

$$e_{ss} = e_{ssr} + e_{ssn}$$

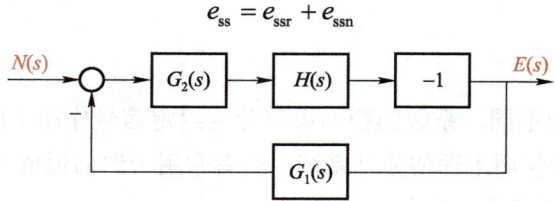

图 2-23　变形后的系统结构图

> 提示
>
> 系统结构图中比较环节可以等效为 −1 环节。

3．稳态误差的分析

1）系统型别

一般，分子阶次为 m、分母阶次为 n 的系统开环传递函数可以表示为

$$G(s)H(s) = \frac{K(\tau_1 s+1)(\tau_2 s+1)\cdots(\tau_m s+1)}{s^v(T_1 s+1)(T_2 s+1)\cdots(T_{n-v} s+1)}$$

式中：

K ——开环增益（开环放大系数）；

v ——积分环节个数,是划分系统型别的依据;
τ_i ——时间常数,$i=1,2,\cdots,m$;
T_j ——时间常数,$j=1,2,\cdots,n-v$。

$v=0$ 时称系统为 0 型系统;$v=1$ 时称系统为 Ⅰ 型系统;$v=2$ 时称系统为 Ⅱ 型系统;$v>2$ 时,系统很难稳定,工程中较少碰到。

2)给定信号作用下的稳态误差分析

(1)阶跃信号作用下的稳态误差。

由 $r(t)=A\cdot 1(t)$ 和式(2-14)有

$$e_{ssr}=\lim_{s\to 0}s\frac{1}{1+G(s)H(s)}\cdot\frac{A}{s}=\frac{A}{1+K_p}$$

式中:

K_p ——系统静态位置误差系数,$K_p=\lim_{s\to 0}G(s)H(s)=\lim_{s\to 0}\frac{K}{s^v}$。

可以看出,对于 0 型系统,$K_p=K$,$e_{ssr}=\dfrac{A}{1+K}$;对于 Ⅰ 型系统,$K_p=\infty$,$e_{ssr}=0$;对于 Ⅱ 型系统,$K_p=\infty$,$e_{ssr}=0$。

(2)斜坡信号作用下的稳态误差。

由 $r(t)=At$ 和式(2-14)有

$$e_{ssr}=\lim_{s\to 0}s\frac{1}{1+G(s)H(s)}\cdot\frac{A}{s^2}=\lim_{s\to 0}\frac{A}{s+sG(s)H(s)}=\frac{A}{K_v}$$

式中:

K_v ——系统静态速度误差系数,$K_v=\lim_{s\to 0}sG(s)H(s)=\lim_{s\to 0}s\frac{K}{s^v}$。

可以看出,对于 0 型系统,$K_v=0$,$e_{ssr}=\infty$;对于 Ⅰ 型系统,$K_v=K$,$e_{ssr}=\dfrac{A}{K}$;对于 Ⅱ 型系统,$K_v=\infty$,$e_{ssr}=0$。

(3)加速度信号作用下的稳态误差。

由 $r(t)=\dfrac{1}{2}At^2$ 和式(2-14)有

$$e_{ssr}=\lim_{s\to 0}s\frac{1}{1+G(s)H(s)}\cdot\frac{A}{s^3}=\lim_{s\to 0}\frac{A}{s^2+s^2G(s)H(s)}=\frac{A}{K_a}$$

式中:

K_a ——系统静态加速度误差系数,$K_a=\lim_{s\to 0}s^2G(s)H(s)=\lim_{s\to 0}s^2\frac{K}{s^v}$。

可以看出,对于 0 型系统,$K_a=0$,$e_{ssr}=\infty$;对于 Ⅰ 型系统,$K_a=0$,$e_{ssr}=\infty$;对

于Ⅱ型系统，$K_a = K$，$e_{ssr} = \dfrac{A}{K}$。

综合以上分析可以得出如下结论。

（1）Ⅰ型系统在阶跃信号作用下的稳态误差为零。

（2）Ⅱ型系统在阶跃信号、斜坡信号作用下的稳态误差为零。

（3）系统型别越高，消除稳态误差的能力越强。

（4）增大系统开环增益，可以减小系统的稳态误差。

此外，当系统的输入为以上信号的叠加时，利用叠加原理可以求得系统总的稳态误差。

课堂互动

增大系统的开环增益、提高系统型别分别会对系统的稳定性产生什么影响？

【例 2.5】 如图 2-24 所示为系统结构图，当 $r(t) = t + t^2$ 时，求系统的稳态误差。

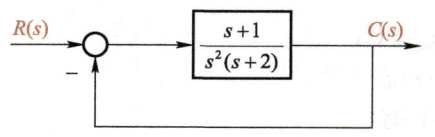

拓展例题

图 2-24　系统结构图

【解】 由图 2-24 可以得出，系统闭环传递函数的特征方程为 $s^3 + 2s^2 + s + 1 = 0$，由劳斯判据可知，系统是稳定的。由系统的开环传递函数为 $\dfrac{s+1}{s^2(s+2)}$，可判断出系统是Ⅱ型系统。

根据线性系统的齐次性和叠加性有 $r(t) = r_1(t) + r_2(t)$，其中 $r_1(t) = t$，$r_2(t) = t^2$。

对于 $r_1(t)$，有 $K_v = \infty$，$e_{ss1} = 0$。对于 $r_2(t)$，有 $K_a = \dfrac{1}{2}$，$e_{ss2} = 4$。

综上，系统的总稳态误差为 $e_{ss} = e_{ss1} + e_{ss2} = 4$。

任务 2.4　利用 MATLAB 进行时域分析

任务引入

在对自动控制系统进行时域分析时，只依靠手算有时计算量很大，且结果的呈现并不十分清晰，此时就可以借助 MATLAB 进行相关计算，并能通过软件呈现的图像对结果有更直观的了解，从而更好地进行系统分析。

本任务主要介绍利用 MATLAB 进行时域分析的相关内容，知识与技能要求如表 2-9 所示。

表 2-9　知识与技能要求

任务内容	利用 MATLAB 进行时域分析	学习程度		
		识记	理解	应用
学习任务	利用 MATLAB 分析系统的稳定性			●
	利用 MATLAB 分析系统的动态性能			●
	利用 MATLAB 计算稳态误差			●
	Simulink 仿真	●		
实训任务	利用 MATLAB 计算给定系统的稳态误差			●

自我勉励

项目 2 时域分析法

任务工单——利用 MATLAB 计算给定系统的稳态误差

1. 任务准备

（1）回顾 MATLAB 中建立系统传递函数及求多项式乘法的命令。

（2）回顾 MATLAB 中建立系统反馈连接传递函数的命令。

（3）回顾稳态误差的表示方法，即

$$e_{ss} = \lim_{t \to \infty} e(t) = \lim_{s \to 0} sE(s)$$

（4）回顾 Simulink 建立结构图的过程。

2. 任务实施

已知 $r(t) = 3t + \dfrac{1}{4}t^2$，利用 MATLAB 计算如图 2-25 所示的系统的稳态误差。其中，其中，$G_1(s) = \dfrac{2s+1}{s}$，$G_2(s) = \dfrac{1}{s(s+1)}$。

任务实施示范

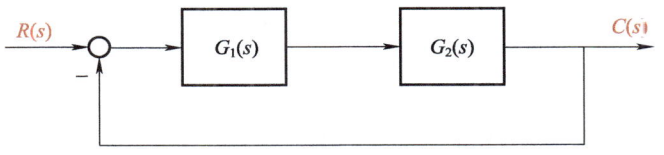

图 2-25 系统结构图

3. 考核评价

任务完成后，根据完成情况填写如表 2-10 所示的考核评价表。

表 2-10 考核评价表

考核项目	评价标准	满分/分	评分/分		
			自评	互评	师评
职业素养考核项目 30%	任务工单整洁、规范	5			
	积极参与，认真思考	10			
	团结协作，与他人密切配合	5			
	发现问题并解决问题	10			
专业能力考核项目 70%	能准确建立系统的传递函数	15			
	能准确建立系统的输入信号	15			
	能正确求取系统的稳态误差	40			
合计		100			
总评	自评（20%）+互评（20%）+师评（60%）=	综合等级：	教师（签名）：		

4. 课堂小结

2.4.1 利用 MATLAB 分析系统的稳定性

1. 求取特征方程的特征根

求取特征根在 MATLAB 中可以用 roots 函数实现，其调用格式为

$$\text{roots(p)}$$

利用 MATLAB 分析
系统的稳定性

其中，p 为多项式系数向量。

【例 2.6】 设系统的特征方程为 $s^4+3s^3+5s^2+2s+1=0$，利用 MATLAB 判断系统的稳定性。

【解】 在命令行窗口输入

```
>>p=[1,3,5,2,1];
>>s=roots(p)
```

结果显示

```
s=
  -1.3296+1.4370i
  -1.3296-1.4370i
  -0.1704+0.4815i
  -0.1704-0.4815i
```

可以看出，该特征方程无缺项，特征根都位于 s 平面虚轴的左侧，因此系统稳定。

2. 零、极点图

系统的闭环传递函数可以表示为零、极点形式，即

$$G(s)=\frac{b_0(s-z_1)(s-z_2)\cdots(s-z_m)}{a_0(s-p_1)(s-p_2)\cdots(s-p_n)}=K\frac{\prod_{i=1}^{m}(s-z_i)}{\prod_{j=1}^{n}(s-p_j)}$$

式中：

K ——传递函数用零、极点表示时的传递系数；

z_i ——分子多项式等于零时的根，称为零点，用"○"表示；

p_j ——分母多项式等于零时的根，称为极点，用"×"表示。

在 MATLAB 中可以用 pzmap 函数将传递函数的零、极点直观地呈现出来，从而判断系统的稳定性，其调用格式为

$$\text{pzmap(num,den)}$$

> **提示**
>
> 当采用[p,z]=pzmap(num,den)调用格式时，屏幕上不出现零、极点图，而是出现传递函数的极点值 p 和零点值 z。

【例 2.7】 设系统的传递函数为 $G(s) = \dfrac{2s^3 + 3s^2 + 5s + 1}{s^4 + 2s^3 + 6s^2 + 5s + 2}$，利用 MATLAB 绘制系统的零、极点图，并判断系统的稳定性。

【解】 在命令行窗口输入

```
>>num=[2,3,5,1];
>>den=[1,2,6,5,2];
>>pzmap(num,den)
```

结果如图 2-26 所示。

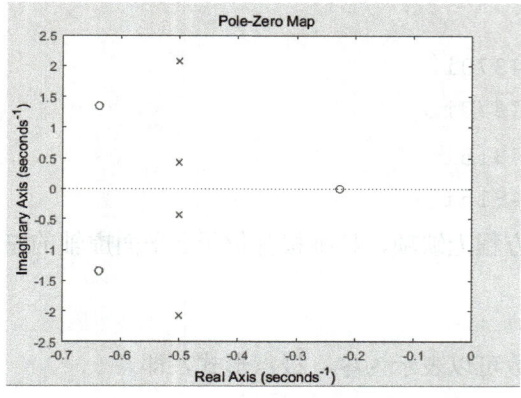

图 2-26 系统的零、极点图

可以看出，特征方程无缺项，特征根（即极点）都位于 s 平面虚轴的左侧，因此系统稳定。

2.4.2 利用 MATLAB 分析系统的动态性能

1. 系统时域响应分析

1）单位脉冲响应

MATLAB 中可以用 impulse 函数得到系统的单位脉冲响应，其调用格式为

$$\text{impulse(num,den,t)}$$

无指定时间 t 时，其可根据系统输出曲线自动确定。

【例 2.8】 设系统的传递函数为 $G(s)=\dfrac{3}{s^2+s+3}$，利用 MATLAB 求该系统的单位脉冲响应。

【解】 在命令行窗口输入

```
>>num=[3];
>>den=[1,1,3];
>>impulse (num,den)
```

结果如图 2-27 所示。

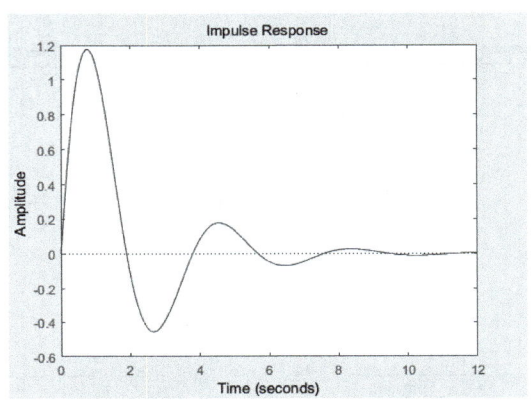

图 2-27 系统的单位脉冲响应曲线

2）单位阶跃响应

MATLAB 中可以用 step 函数得到系统的单位阶跃响应，其调用格式为

$$\text{step(num,den,t)}$$

【例 2.9】 设系统的传递函数为 $G(s)=\dfrac{1}{s^2+s+2}$，利用 MATLAB 求该系统的单位阶跃响应。

【解】 在命令行窗口输入

```
>>num=[1];
>>den=[1,1,2];
>>step (num,den)
```

结果如图 2-28 所示。

3）任意函数作用下系统的响应

MATLAB 中可以用仿真函数 lsim 得到任意函数作用下系统的响应，其调用格式为

$$\text{lsim(num,den,u,t)}$$

其中，u 为输入信号。

【例 2.10】 设系统的传递函数为 $G(s)=\dfrac{1}{s^2+0.5s+2}$，输入信号为 $r(t)=t$，利用

MATLAB 求该系统的时域响应。

【解】 在命令行窗口输入

```
>>num=[1];
>>den=[1,0.5,2];
>>t=[0:0.1:10];
>>r=t;                        %斜坡信号
>>lsim(num,den,r,t)
```

结果如图 2-29 所示。

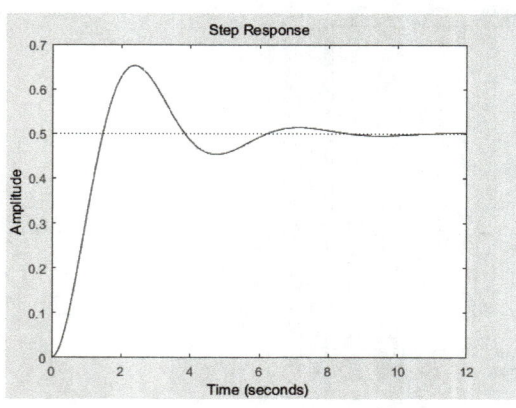

图 2-28 系统的单位阶跃响应曲线

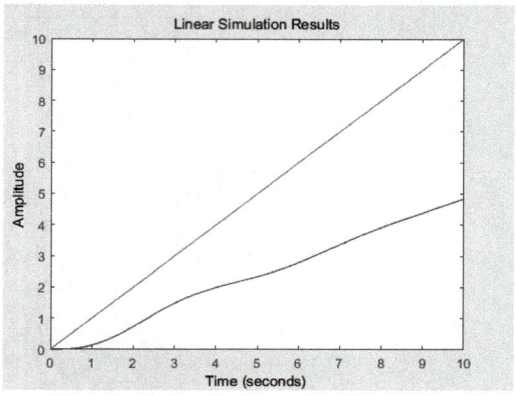

图 2-29 系统的时域响应曲线

2. 系统时域性能指标的标记

对于用 step 函数求取的阶跃响应曲线，用鼠标左键单击曲线上的任意一点时，此点会变成"■"，并显示该点的横纵坐标值，拖住"■"可以在曲线上移动。此外，在图中单击鼠标右键，在菜单中选择"Characteristics"，从中根据需要选择合适的分析内容，即可在曲线上显示相应的时域性能指标，如稳态值、上升时间、峰值时间等，如图 2-30 所示。

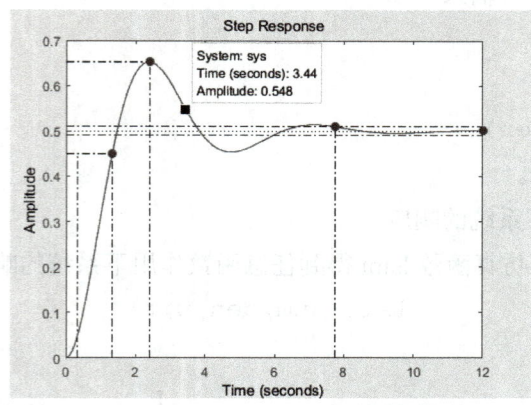

图 2-30 系统的时域性能指标

2.4.3 利用 MATLAB 计算稳态误差

在 MATLAB 中可以用 dcgain 函数求取给定信号作用下的稳态误差。其调用格式为

$$ess=dcgain(num,den) 或 dcgain(G)$$

【例 2.11】 利用 MATLAB 求取例 2.5 所示系统的稳态误差。

【解】 由 $r(t)$ 求得其拉普拉斯变换为 $R(s) = \dfrac{1}{s^2} + \dfrac{2}{s^3} = \dfrac{s+2}{s^3}$。

在命令行窗口输入

```
>>num1=[1,1];
>>den1=conv([1,0,0],[1,2]);
>>Gk=tf(num1,den1);              %系统开环传递函数
>>G1=tf(Gk.den{1},Gk.den{1}+Gk.num{1});
                                 %求取 1/(1+Gk),Gk.num{1}为Gk的
                                 分子多项式,Gk.den{1}为Gk的分母
                                 多项式
>>num2=[1,0];
>>den2=1;
>>G2=tf(num2,den2);              %求取 s
>>G=G2*G1;
>>num3=[1,2];
>>den3=[1,0,0,0];
>>R=tf(num3,den3);               %系统输入信号
>>ess=dcgain(G*R)
```

结果显示

```
ess=
   4
```

可以看出,该结果与前述计算结果相同。

2.4.4 Simulink 仿真

在 Simulink 中可以通过建立系统结构图模型,得到系统的时域响应曲线。

【例 2.12】 利用 Simulink 建立如图 2-31 所示的二阶系统的结构图,并输出系统的单位阶跃响应曲线。

在 Simulink 中做系统的时域响应曲线

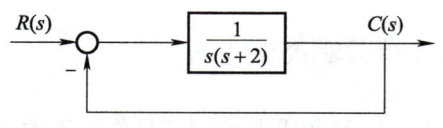

图 2-31 二阶系统的结构图

【解】　（1）单击"Blank Model"新建一个空白模型的编辑窗口。

（2）单击"Library Browser"打开模型库。

（3）单击"Sources"，在库中选择"Step"图标，将图标拖至编辑窗口内，并设置"Step Time"为 0。

（4）单击"Math Operations"，在库中选择"Sum"图标，将图标拖至编辑窗口内，设置"List of signs"为"|+－"。

（5）单击"Continuous"，在库中选择"Transfer Fcn"图标，将图标拖至编辑窗口内，并双击图标，在弹出的对话框中设置传递函数的分子和分母多项式的系数。本例中，将"Denominator coefficients"改为[1 2 0]。

（6）单击"Sinks"，在库中选择"Scope"图标，将图标拖至编辑窗口内。

（7）单击"Signal Routing"，在库中选择"Mux"图标，将图标拖至编辑窗口内。

（8）用鼠标将前面各环节连接起来，如图 2-32 所示。

（9）将结构图框选，并单击菜单栏中的运行图标，然后再双击"Scope"图标，即可看到仿真图形结果，如图 2-33 所示。其中，上升曲线为系统的单位阶跃响应曲线，直线为单位阶跃信号。

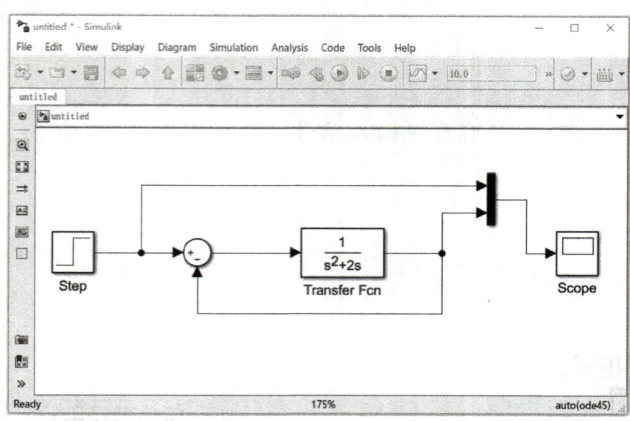

图 2-32　Simulink 建立的结构图模型

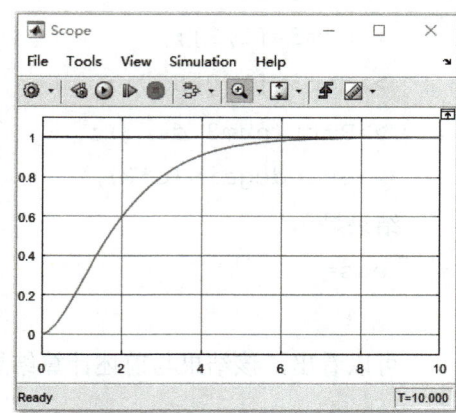

图 2-33　仿真图形结果

项目 2 时域分析法

匠心筑梦

她，只有中专学历，却是大家公认的炭素"小专家"；她，个头不高，但名气不小，她，就是张平香。2020 年 11 月 24 日，她终于站在了全国劳动模范和先进工作者表彰大会的领奖台上，那一刻，无疑是她人生的一个里程碑。

1992 年，张平香从甘肃省冶金工业学校毕业，所学专业为冶金企业电气化。她本来有分配到某镇政府工作的机会，但她最终放弃了，而是选择来到炭素厂，从事电工维修的工作，一心想把所学专业用于企业实践中。

刚到单位时，面对从外国引进的许多技术先进、结构复杂的进口设备，刚刚毕业的张平香感到压力重重，但她没有被吓倒，反而激发了斗志。经过四年的时间，她先后读完了《电力拖动自动控制系统》《电气控制技术与 PLC 应用》等十几本大学教材，个人专业知识水平有了突飞猛进的提升。仅仅用了五六年时间，张平香便掌握了加工厂所有进口设备的使用方法，在企业电气设备领域崭露头角，成为一名小有名气的电气专家。

2006 年，张平香所在企业的各项重大技术改造项目相继开始，然而企业在引进国外先进机器后，却在设备自动化运行方面遗留了许多问题，张平香顶着压力，带领技术团队展开攻关，最终实现了全自动化生产。此后，张平香和她的团队努力推进备品备件国产化，啃下了这块"硬骨头"。

不管在哪个岗位，张平香始终把企业当成自己的家，一心扑在电气设备改造和设备自动化改造工作上，在公司工控设备技术攻关、技术创新方面做了大量的工作。因为出色的工作业绩，近年来张平香获得的荣誉越来越多，知名度也越来越高，金光灿灿的奖牌将照亮张平香今后人生的征途。她依然保持着一份对企业的执着与热爱，用生命诠释工匠精神，用汗水擦亮劳动的底色。

（资料来源：罗永岗，《张平香：绚丽绽放的"炭素之花"》，中国甘肃网，2023 年 4 月 17 日）

项目综合考核

课堂练习

1. 填空题

（1）自动控制系统中常见的典型输入信号主要有_____、_____、_____、_____、_____。

（2）单位阶跃信号记为_____，其拉普拉斯变换为_____。

（3）动态性能指标主要包括_____、_____、_____、_____、_____、_____。

（4）对于一阶系统的单位阶跃响应，当调节时间取_____时，响应曲线可以达到稳态值的95%~98%。

（5）二阶系统按阻尼比分类可分为_____状态、_____状态、_____状态和_____状态。

（6）阻尼比一般取_____，工程中常采用最佳阻尼比为_____。

2．判断题

（1）一个系统的时域响应通常由稳态过程和动态过程两部分组成。（ ）
（2）任何系统都会用到峰值时间和最大超调量。（ ）
（3）对于任何输入信号，Ⅰ型系统都可以进行跟踪。（ ）
（4）若劳斯表中第一列的系数均大于零且无缺项，则系统是稳定的。（ ）
（5）增大系统开环增益，可以减小系统的稳态误差。（ ）

3．简答题

（1）简述系统各动态性能指标的含义。
（2）简述线性系统稳定的充分必要条件。
（3）简述运用劳斯判据判断系统稳定性的方法。

项目综合评价

指导教师根据学生对本项目的实际学习情况进行评价,学生配合指导教师共同完成如表 2-11 所示的学习成果评价表。

表 2-11　学习成果评价表

班级			学号		
姓名			指导教师		
项目名称		时域分析法			
日期					
评价项目	评价内容		评价方式	满分/分	评分/分
知识 40%	典型输入信号		理论测试	5	
	动态性能指标和稳态性能指标			5	
	一阶系统的时域分析			5	
	二阶系统的时域分析			5	
	稳定性分析			10	
	稳态性能分析			10	
技能 40%	标注典型一阶系统的单位阶跃响应曲线		实践检验	10	
	认识一阶、二阶系统的时域分析			10	
	认识稳态误差			10	
	利用 MATLAB 计算给定系统的稳态误差			10	
素养 20%	积极参加教学活动,遵守课堂纪律		综合评价	5	
	主动思考学习,团结协作			5	
	认真负责,按时完成课堂任务			5	
	守正创新,知行合一			5	
合计				100	
自我评价					
指导教师评价					

项目 3 频域分析法

项目导读

用时域分析法分析自动控制系统,虽然十分直观,但在实际工程中,系统的阶次一般较高,求解其微分方程比较困难。于是,为了更方便地对系统进行分析,可以使用频域分析法。频域分析法计算量不大,可以便捷地显示出系统参数变化对系统性能的影响。

频域分析法也是一种常用的系统分析方法,本项目主要围绕频域分析法展开,对系统的典型环节的频率特性、开环频率特性、稳定性等进行介绍。

知识目标

- 掌握典型环节的频率特性。
- 掌握开环频率特性及其曲线的绘制方法。
- 掌握系统稳定性的分析方法。

技能目标

- 能够在 MATLAB 中进行频域分析。

素质目标

- 提高自主学习、分析问题的能力。
- 培养认真负责、脚踏实地、精益求精的工作作风。
- 弘扬科学严谨、不断探索的工匠精神。

任务 3.1 认识典型环节的频率特性

任务引入

相比于时域分析法,频域分析法是工程中应用更广泛的一种分析方法。在工程上,系统有些环节的频率特性可以直接通过实验获得,极大地方便了对内部结构不清楚、难以列出动态方程的系统的分析。当不同的系统具有相同的典型环节时,其频率特性及分析方法是相似的,因此,认识不同典型环节的频率特性更有利于分析整个系统的频率特性,了解不同环节的作用。

本任务主要介绍典型环节频率特性的相关内容,知识与技能要求如表 3-1 所示。

表 3-1 知识与技能要求

任务内容	认识典型环节的频率特性	学习程度		
		识记	理解	应用
学习任务	频率特性的相关概念	●		
	频率特性的表示方法	●		
	典型环节的频率特性		●	
实训任务	掌握典型环节的频率特性			●
自我勉励				

项目 3　频域分析法

任务工单——掌握典型环节的频率特性

1. 任务准备

（1）回顾自动控制系统的典型环节及其传递函数。

（2）回顾反三角函数与对数函数的相关知识。

2. 任务实施

将如表 3-2 所示的典型环节的频率特性表补充完整。

表 3-2　典型环节的频率特性表

环节名称	幅频特性 $A(\omega)$	相频特性 $\varphi(\omega)$	对数幅频特性 $L(\omega)$	对数相率特性 $\varphi(\omega)$
		0°		0°
		−90°		−90°
惯性环节				
		90°		90°
比例微分环节				
		$-\arctan\dfrac{2\zeta\omega T}{1-\omega^2 T^2}$		$-\arctan\dfrac{2\zeta\omega T}{1-\omega^2 T^2}$
	1		0	

3. 考核评价

任务完成后，根据完成情况填写如表 3-3 所示的考核评价表。

表 3-3 考核评价表

考核项目	评价标准	满分/分	评分/分 自评	评分/分 互评	评分/分 师评
职业素养考核项目 30%	任务工单整洁、规范	5			
	积极参与，认真思考	10			
	团结协作，与他人密切配合	5			
	发现问题并解决问题	10			
专业能力考核项目 70%	掌握各典型环节的频率特性	20			
	掌握各典型环节的幅频特性和相频特性	25			
	掌握各典型环节的对数幅频特性和对数相频特性	25			
合计		100			
总评	自评（20%）+互评（20%）+师评（60%）=	综合等级：	教师（签名）：		

4. 课堂小结

3.1.1 频率特性的相关概念

频率特性的定义

自动控制系统中的信号可以表示为不同频率的正弦信号的组合。在正弦信号的作用下,系统的稳态响应称为系统的频率响应。系统的频率响应与正弦信号之间的关系称为系统的频率特性。频率特性是系统在频域中的数学模型,反映系统在正弦信号作用下的响应。

已知对于线性定常系统有

$$G(s) = \frac{C(s)}{R(s)} = \frac{b_0 s^m + b_1 s^{m-1} + \cdots + b_{m-1} s + b_m}{a_0 s^n + a_1 s^{n-1} + \cdots + a_{n-1} s + a_n} \quad (n \geqslant m) \tag{3-1}$$

式(3-1)是自变量为复数 s 的复变函数,由于 $s = \sigma + j\omega$,令 s 的实部为零,可以得到复变函数 $G(j\omega)$,它可以表示为

$$G(j\omega) = G(s)|_{s=j\omega} \tag{3-2}$$

$G(j\omega)$ 称为系统的频率特性,可以用幅值和相位来表示,即

$$G(j\omega) = |G(j\omega)| e^{j\angle G(j\omega)} = A(\omega) e^{j\varphi(\omega)} \tag{3-3}$$

式中:

$A(\omega)$——$G(j\omega)$ 的幅值, $A(\omega) = |G(j\omega)|$,称为系统的幅频特性;

$\varphi(\omega)$——$G(j\omega)$ 的相位, $\varphi(\omega) = \angle G(j\omega)$,称为系统的相频特性。

线性定常系统在正弦信号 $r(t) = \sin \omega t$ 的作用下,稳态响应为 $c_{ss}(t) = A(\omega) \sin[\omega t + \varphi(\omega)]$,可以看出它是与输入信号频率相同,但幅值与相位不同的正弦信号,如图 3-1 所示。其中,相位为正则称为相位超前,相位为负则称为相位滞后。

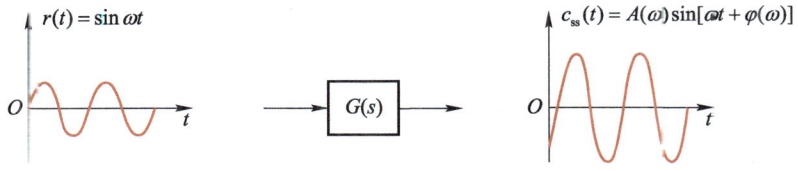

图 3-1 线性定常系统的稳态响应

$G(j\omega)$ 还可以表示为实部和虚部相加的形式,即

$$G(j\omega) = \mathrm{Re}(\omega) + j\mathrm{Im}(\omega) \tag{3-4}$$

式中:

$\mathrm{Re}(\omega)$——$G(j\omega)$ 的实部,称为系统的实频特性,且 $\mathrm{Re}(\omega) = A(\omega)\cos\varphi(\omega)$;

$\mathrm{Im}(\omega)$——$G(j\omega)$ 的虚部,称为系统的虚频特性,且 $\mathrm{Im}(\omega) = A(\omega)\sin\varphi(\omega)$。

可以发现，式（3-3）和式（3-4）的表示方式之间具有以下关系：

$$A(\omega) = |G(j\omega)| = \sqrt{\operatorname{Re}^2(\omega) + \operatorname{Im}^2(\omega)}$$

$$\varphi(\omega) = \angle G(j\omega) = \arctan\frac{\operatorname{Im}(\omega)}{\operatorname{Re}(\omega)}$$

3.1.2 频率特性的表示方法

1. 幅相频率特性曲线

当频率从 $-\infty$ 到 $+\infty$ 变化时，频率特性在 s 平面上的运动轨迹称为幅相频率特性曲线。幅相频率特性曲线简称为幅相曲线，也称为奈奎斯特（Nyquist）图或极坐标图。

当按式（3-3）方式进行表示时，频率特性为 s 平面上的向量，向量长度为频率特性的幅值，向量与实轴的夹角为频率特性的相位，逆时针方向为正。由于频率从 $-\infty \to 0$ 和从 $0 \to +\infty$ 的幅相频率特性曲线关于实轴对称，因此通常只绘制频率从 $0 \to +\infty$ 的幅相频率特性曲线即可。

以一阶系统为例，其闭环传递函数为

$$G(s) = \frac{1}{Ts+1}$$

其幅相频率特性曲线如图 3-2 所示。

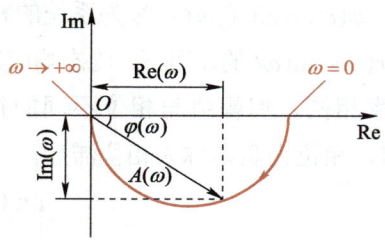

图 3-2　一阶系统的幅相频率特性曲线

2. 对数频率特性曲线

对数频率特性曲线由对数幅频特性曲线和对数相频特性曲线组成，又称为伯德（Bode）图，其横坐标为频率，按对数分度，单位为 rad/s。例如，图 3-3 的横轴就是按 $\lg\omega$ 分度的，但为了便于观察，仍以 ω 的值进行标注。对数幅频特性曲线的纵坐标为 $L(\omega)$，表示 $20\lg A(\omega)$，单位为 dB，按线性均匀分布，如图 3-3 所示。对数相频特性曲线的纵坐标为 $\varphi(\omega)$，单位为度，按线性均匀分布，如图 3-4 所示。对数频率特性曲线可以使频率特性的表示范围增加，同时还可以利用对数计算原理简化幅值的乘除运算，在系统分析中被广泛采用。

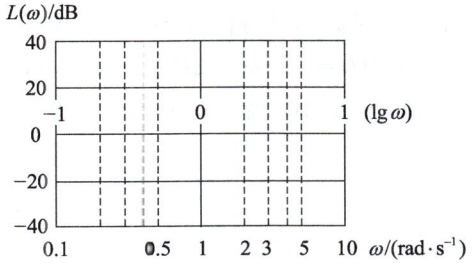
图 3-3　对数幅频特性曲线的坐标系

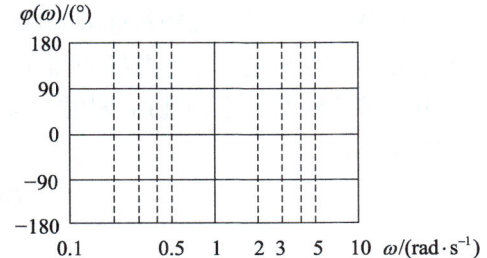
图 3-4　对数相频特性曲线的坐标系

3.1.3　典型环节的频率特性

1. 比例环节

已知比例环节的传递函数为 $G(s)=K$。

（1）比例环节的频率特性为 $G(j\omega)=K$。

（2）比例环节的幅频特性为 $A(\omega)=|G(j\omega)|=K$，相频特性为 $\varphi(\omega)=\angle G(j\omega)=0°$。

（3）比例环节的对数幅频特性为 $L(\omega)=20\lg K$，对数相频特性为 $\varphi(\omega)=\angle G(j\omega)=0°$。

比例环节的幅相频率特性曲线如图 3-5 所示，比例环节的对数频率特性曲线如图 3-6 所示。

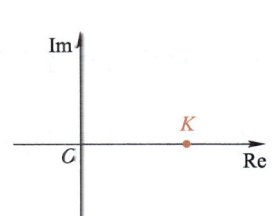

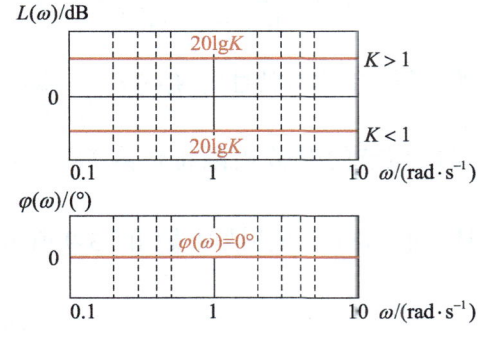

图 3-5　比例环节的幅相频率特性曲线　　图 3-6　比例环节的对数频率特性曲线

2. 积分环节

已知积分环节的传递函数为 $G(s)=\dfrac{1}{T_i s}$。

（1）积分环节的频率特性为 $G(j\omega)=\dfrac{1}{j\omega T_i}=\dfrac{1}{\omega T_i}e^{-j\frac{\pi}{2}}$。

（2）积分环节的幅频特性为 $A(\omega)=\dfrac{1}{\omega T_i}$，相频特性为 $\varphi(\omega)=-90°$。

（3）积分环节的对数幅频特性为 $L(\omega) = -20\lg \omega T_i$，对数相频特性为 $\varphi(\omega) = -90°$。

积分环节的幅相频率特性曲线如图 3-7 所示，当 ω 由 $0 \to +\infty$ 时，$A(\omega)$ 由 $+\infty \to 0$。

积分环节的对数频率特性曲线如图 3-8 所示，ω 每增大 10 倍，$L(\omega)$ 减小 20 dB，斜率为 -20 dB/dec。

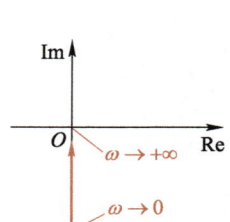

图 3-7 积分环节的幅相频率特性曲线

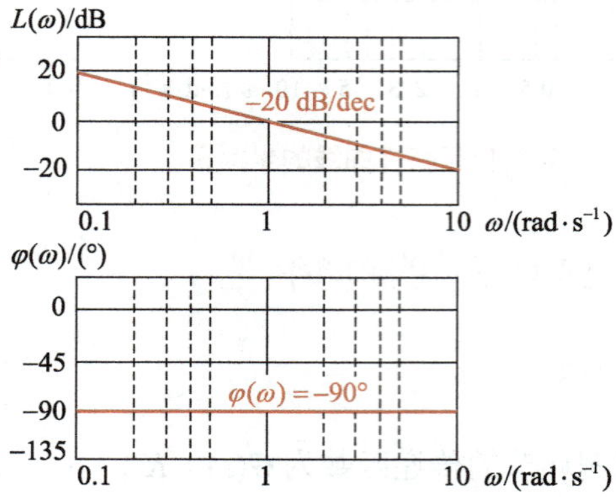

图 3-8 积分环节的对数频率特性曲线

3. 惯性环节

已知惯性环节的传递函数为 $G(s) = \dfrac{1}{Ts+1}$。

（1）惯性环节的频率特性为

$$G(j\omega) = \frac{1}{j\omega T + 1} = \frac{1}{\omega^2 T^2 + 1} - j\frac{\omega T}{\omega^2 T^2 + 1} = \frac{1}{\sqrt{1+\omega^2 T^2}} e^{-j\arctan \omega T}$$

（2）惯性环节的幅频特性为 $A(\omega) = \dfrac{1}{\sqrt{1+\omega^2 T^2}}$，相频特性为 $\varphi(\omega) = -\arctan \omega T$。

（3）惯性环节的对数幅频特性为 $L(\omega) = -20\lg \sqrt{1+\omega^2 T^2}$，对数相频特性为 $\varphi(\omega) = -\arctan \omega T$。

惯性环节的幅相频率特性曲线如图 3-9 所示，惯性环节的对数频率特性曲线如图 3-10 所示。

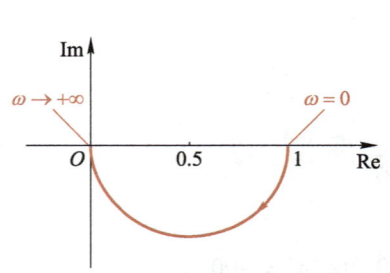

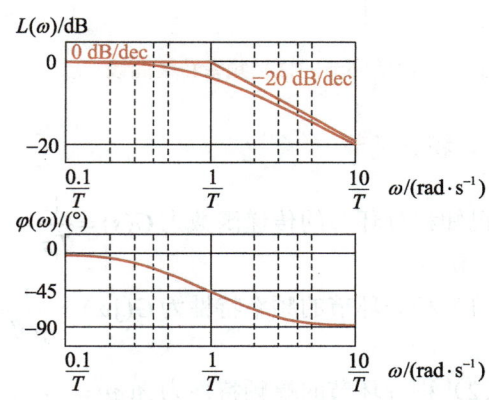

图 3-9 惯性环节的幅相频率特性曲线

图 3-10 惯性环节的对数频率特性曲线

对于惯性环节的对数幅频特性曲线,为了方便作图,一般可先绘制低频渐近线和高频渐近线,然后在转折频率附近对曲线进行误差修正。当 $\omega \ll \dfrac{1}{T}$ 时(低频段),$L(\omega) \approx -20\lg 1 = 0$,得到的直线与横轴重合,称为低频渐近线;当 $\omega \gg \dfrac{1}{T}$ 时(高频段),$L(\omega) \approx -20\lg \omega T$,得到的直线斜率为 $-20\ \text{dB/dec}$,并与横轴相交于 $\omega = \dfrac{1}{T}$ 处,称为高频渐近线。当 $\omega = \dfrac{1}{T}$ 时,低频渐近线与高频渐近线相交,并称 $\omega = \dfrac{1}{T}$ 为转折频率。对于对数相频特性曲线,可以取关键点进行绘制,当 $\omega \to 0$ 时,$\varphi(\omega) \to 0°$;当 $\omega = \dfrac{1}{T}$ 时,$\varphi(\omega) = -45°$;当 $\omega \to +\infty$ 时,$\varphi(\omega) \to -90°$。

从图 3-10 的对数幅频特性曲线可以看出,渐近线与实际曲线之间存在误差,最大误差出现在转折频率处,将该处坐标 $\omega = \dfrac{1}{T}$ 代入 $L(\omega)$ 的表达式中,并与原渐近线的值作差可得最大误差为

$$\Delta L(\omega) = -20\lg\sqrt{2} - 0 \approx -3\ (\text{dB})$$

其他频率处的误差也可求得,最终得到的惯性环节的误差曲线如图 3-11 所示。

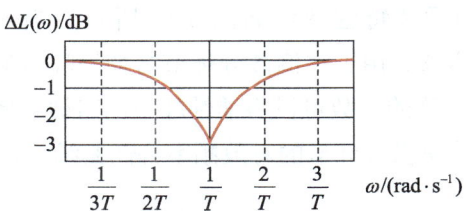

图 3-11 惯性环节的误差曲线

4. 微分环节

已知微分环节的传递函数为 $G(s) = T_d s$。

(1)微分环节的频率特性为 $G(\text{j}\omega) = \text{j}\omega T_d = \omega T_d \text{e}^{\text{j}\frac{\pi}{2}}$。

(2)微分环节的幅频特性为 $A(\omega) = \omega T_d$,相频特性为 $\varphi(\omega) = 90°$。

(3)微分环节的对数幅频特性为 $L(\omega) = 20\lg \omega T_d$,对数相频特性为 $\varphi(\omega) = 90°$。

微分环节的幅相频率特性曲线如图 3-12 所示,当 ω 由 $0 \to +\infty$ 时,$A(\omega)$ 也由 $0 \to +\infty$。微分环节的对数频率特性曲线如图 3-13 所示,ω 每增大 10 倍,$L(\omega)$ 增大 20 dB,斜率为 20 dB/dec。

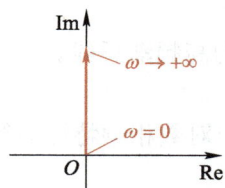
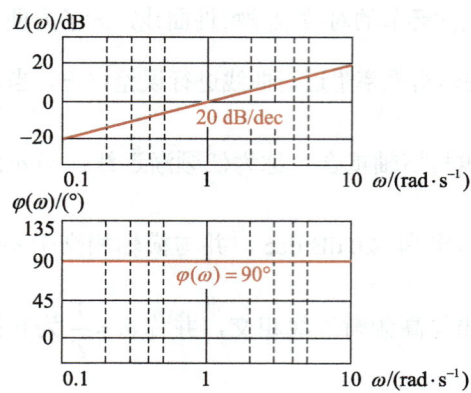

图 3-12 微分环节的幅相频率特性曲线　　图 3-13 微分环节的对数频率特性曲线

5. 比例微分环节

已知比例微分环节的传递函数为 $G(s) = T_d s + 1$。

（1）比例微分环节的频率特性为 $G(j\omega) = j\omega T_d + 1 = \sqrt{\omega^2 T_d^2 + 1}\, e^{j\arctan \omega T_d}$。

（2）比例微分环节的幅频特性为 $A(\omega) = \sqrt{\omega^2 T_d^2 + 1}$，相频特性为 $\varphi(\omega) = \arctan \omega T_d$。

（3）比例微分环节的对数幅频特性为 $L(\omega) = 20\lg \sqrt{\omega^2 T_d^2 + 1}$，对数相频特性为 $\varphi(\omega) = \arctan \omega T_d$。

比例微分环节的幅相频率特性曲线如图 3-14 所示，当 ω 由 $0 \to +\infty$ 时，实部始终为 1，虚部则随着 ω 线性增长。由于比例微分环节与惯性环节的对数幅频特性曲线和对数相频特性曲线是关于横轴对称的，故可以将惯性环节的对数幅频特性曲线和对数相频特性曲线关于横轴翻转，得到比例微分环节的对数频率特性曲线，如图 3-15 所示。

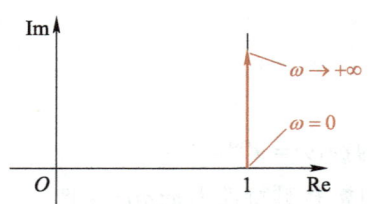
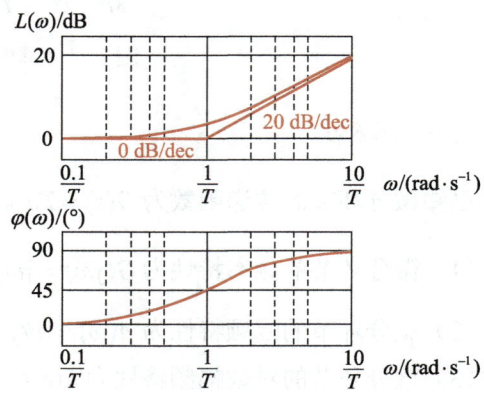

图 3-14 比例微分环节的幅相频率特性曲线　　图 3-15 比例微分环节的对数频率特性曲线

6. 振荡环节

已知振荡环节的传递函数为 $G(s) = \dfrac{1}{T^2 s^2 + 2\zeta T s + 1}$。

（1）振荡环节的频率特性为

$$G(j\omega) = \dfrac{1}{(j\omega T)^2 + j2\zeta T\omega + 1} = \dfrac{1}{\sqrt{(1-\omega^2 T^2)^2 + (2\zeta \omega T)^2}} e^{-j\arctan\frac{2\zeta \omega T}{1-\omega^2 T^2}}$$

（2）振荡环节的幅频特性为 $A(\omega) = \dfrac{1}{\sqrt{(1-\omega^2 T^2)^2 + (2\zeta \omega T)^2}}$，相频特性为 $\varphi(\omega) = -\arctan\dfrac{2\zeta \omega T}{1-\omega^2 T^2}$。

（3）振荡环节的对数幅频特性为 $L(\omega) = -20\lg\sqrt{(1-\omega^2 T^2)^2 + (2\zeta \omega T)^2}$，对数相频特性为 $\varphi(\omega) = -\arctan\dfrac{2\zeta \omega T}{1-\omega^2 T^2}$。

对于振荡环节，当 ω 由 $0 \to \dfrac{1}{T} \to +\infty$ 时，$A(\omega)$ 由 $1 \to \dfrac{1}{2\zeta} \to 0$，$\varphi(\omega)$ 由 $0° \to -90° \to -180°$，其幅相频率特性曲线如图 3-16 所示。此外，$A(\omega)$ 和 $\varphi(\omega)$ 还会随阻尼比的改变而改变。

振荡环节的对数频率特性曲线如图 3-17 所示。对于对数幅频特性曲线，当 $\omega \ll \dfrac{1}{T}$ 时，$L(\omega) \approx -20\lg 1 = 0$，低频渐近线为与横轴重合的直线；当 $\omega \gg \dfrac{1}{T}$ 时，$L(\omega) \approx -40\lg \omega T$，高频渐近线的斜率为 $-40\ \text{dB/dec}$，并与横轴相交于 $\omega = \dfrac{1}{T}$ 处。对于对数相频特性曲线，可以取关键点进行绘制，当 $\omega \to 0$ 时，$\varphi(\omega) \to 0°$；当 $\omega = \dfrac{1}{T}$ 时，$\varphi(\omega) = -90°$；当 $\omega \to +\infty$ 时，$\varphi(\omega) \to -180°$。

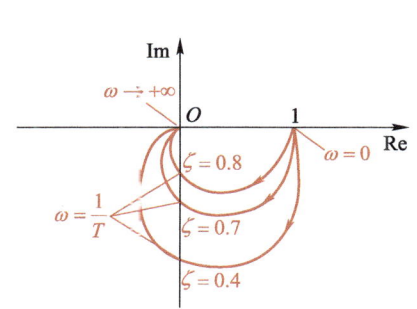

图 3-16 振荡环节的幅相频率特性曲线

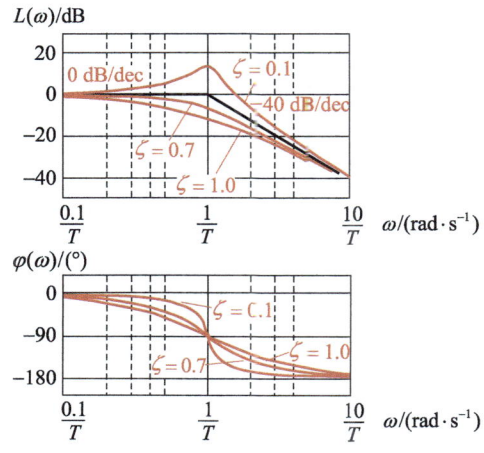

图 3-17 振荡环节的对数频率特性曲线

将转折频率 $\omega = \dfrac{1}{T}$ 代入 $L(\omega)$ 的表达式中,并与原渐近线的值作差可得最大误差为

$$\Delta L(\omega) = -20\lg(2\zeta)$$

可以发现,实际曲线与渐近线之间的误差与阻尼比有关,当 $0.4 \leqslant \zeta \leqslant 0.7$ 时,误差小于 3 dB,影响不大,可以不进行修正。

7. 延迟环节

已知延迟环节的传递函数为 $G(s) = \mathrm{e}^{-\tau s}$。

(1) 延迟环节的频率特性为 $G(\mathrm{j}\omega) = \mathrm{e}^{-\mathrm{j}\omega\tau}$。

(2) 延迟环节的幅频特性为 $A(\omega) = 1$,相频特性为 $\varphi(\omega) = -\omega\tau$。

(3) 延迟环节的对数幅频特性为 $L(\omega) = 20\lg 1 = 0$,对数相频特性为 $\varphi(\omega) = -\omega\tau$。

对于延迟环节,当 ω 由 $0 \to +\infty$ 时,$\varphi(\omega)$ 由 $0° \to -\infty$,且始终有 $A(\omega) = 1$,其幅相频率特性曲线为圆心在原点的单位圆,如图 3-18 所示。延迟环节的对数频率特性曲线如图 3-19 所示,$L(\omega)$ 是一条与横轴重合的直线,$\varphi(\omega)$ 随 ω 的增大而出现滞后增大。

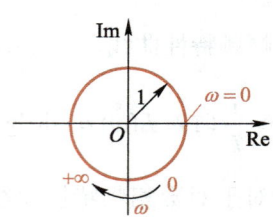

图 3-18 延迟环节的幅相频率特性曲线

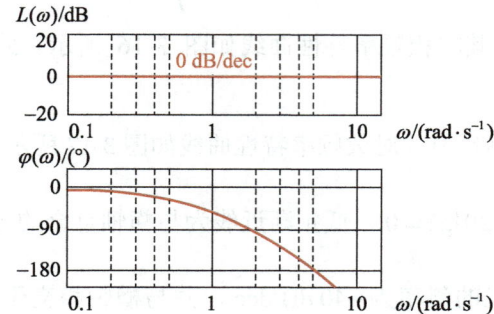

图 3-19 延迟环节的对数频率特性曲线

任务 3.2　认识开环频率特性

任务引入

开环频率特性曲线易于绘制，通过其可以更容易地看出系统不同环节的作用，且系统的开环对数频率特性曲线更是可以将各环节的开环对数频率特性曲线直接进行叠加，在设计系统时十分方便，在工程中应用广泛。

本任务主要介绍开环频率特性的相关内容，知识与技能要求如表 3-4 所示。

表 3-4　知识与技能要求

任务内容	认识开环频率特性	学习程度		
		识记	理解	应用
学习任务	开环频率特性的分析	●		
	开环频率特性曲线的绘制		●	
实训任务	绘制系统的开环频率特性曲线			●

自我勉励

任务工单 ——绘制系统的开环频率特性曲线

1. 任务准备

（1）回顾频率特性的表示方法，即

$$G(j\omega) = |G(j\omega)| e^{j\angle G(j\omega)} = A(\omega)e^{j\varphi(\omega)}$$
$$G(j\omega) = \mathrm{Re}(\omega) + j\mathrm{Im}(\omega)$$

（2）回顾各典型环节的幅相频率特性曲线和对数频率特性曲线。

2. 任务实施

已知系统的开环传递函数为 $G(s)H(s) = \dfrac{0.5}{(0.5s+1)(s+1)(2s+1)}$，试绘制系统的开环幅相频率特性曲线和开环对数频率特性曲线。

3．考核评价

任务完成后，根据完成情况填写如表 3-5 所示的考核评价表。

表 3-5　考核评价表

考核项目	评价标准	满分/分	评分/分		
			自评	互评	师评
职业素养考核项目 30%	任务工单整洁、规范	5			
	积极参与，认真思考	10			
	团结协作，与他人密切配合	5			
	发现问题并解决问题	10			
专业能力考核项目 70%	能正确绘制系统的开环幅相频率特性曲线	35			
	能正确绘制系统的开环对数频率特性曲线	35			
合计		100			
总评	自评（20%）+互评（20%）+师评（60%）=	综合等级：	教师（签名）：		

4．课堂小结

3.2.1 开环频率特性的分析

自动控制系统的开环传递函数一般可以写成一些典型环节传递函数乘积的形式,即看作这些典型环节的串联,此时有

$$G(s)H(s) = G_1(s)G_2(s)\cdots G_n(s) \tag{3-5}$$

用 $j\omega$ 代替式(3-5)中的 s,可以得到系统的开环频率特性为

$$\begin{aligned}G(j\omega)H(j\omega) &= G_1(j\omega)G_2(j\omega)\cdots G_n(j\omega)\\ &= A_1(\omega)e^{j\varphi_1(\omega)}A_2(\omega)e^{j\varphi_2(\omega)}\cdots A_n(\omega)e^{j\varphi_n(\omega)}\end{aligned} \tag{3-6}$$

则其开环幅频特性为

$$A(\omega) = A_1(\omega)A_2(\omega)\cdots A_n(\omega)$$

开环相频特性为

$$\varphi(\omega) = \varphi_1(\omega) + \varphi_2(\omega) + \cdots + \varphi_n(\omega)$$

开环对数幅频特性为

$$L(\omega) = 20\lg A(\omega) = 20\lg A_1(\omega) + 20\lg A_2(\omega) + \cdots + 20\lg A_n(\omega) = L_1(\omega) + L_2(\omega) + \cdots + L_n(\omega)$$

开环对数相频特性为

$$\varphi(\omega) = \varphi_1(\omega) + \varphi_2(\omega) + \cdots + \varphi_n(\omega)$$

可见,对于由多个典型环节串联组成的开环传递函数,其开环幅频特性为各串联环节幅频特性之积,其开环相频特性为各串联环节相频特性之和,其开环对数幅频特性为各串联环节对数幅频特性之和,其开环对数相频特性为各串联环节对数相频特性之和。

3.2.2 开环频率特性曲线的绘制

1. 开环幅相频率特性曲线的绘制

已知系统的开环传递函数可以表示为

$$G(s)H(s) = \frac{K(\tau_1 s+1)(\tau_2 s+1)\cdots(\tau_m s+1)}{s^v(T_1 s+1)(T_2 s+1)\cdots(T_{n-v} s+1)}$$

用 $j\omega$ 代替 s,可以得到系统的开环频率特性为

$$G(j\omega)H(j\omega) = \frac{K(j\tau_1\omega+1)(j\tau_2\omega+1)\cdots(j\tau_m\omega+1)}{(j\omega)^v(jT_1\omega+1)(jT_2\omega+1)\cdots(jT_{n-v}\omega+1)} \tag{3-7}$$

1)确定曲线的起点

$\omega \to 0$ 时,根据式(3-7)有

$$G(j\omega)H(j\omega) \approx \frac{K}{(j\omega)^v}$$

故系统的开环幅频特性为 $A(\omega) = \dfrac{K}{\omega^v}$,开环相频特性为 $\varphi(\omega) = -\dfrac{\pi}{2}v$。

(1) 当 $v = 0$ 时,即系统为 0 型系统,$A(0) = K$,$\varphi(0) = 0$。起点位于实轴上的 $(K, \mathrm{j}0)$ 点。

(2) 当 $v = 1$ 时,即系统为 I 型系统,$A(0) \to +\infty$,$\varphi(0) = -\dfrac{\pi}{2}$。起点位于相位为 $-\dfrac{\pi}{2}$ 的无穷远处。

(3) 当 $v = 2$ 时,即系统为 II 型系统,$A(0) \to +\infty$,$\varphi(0) = -\pi$。起点位于相位为 $-\pi$ 的无穷远处。

(4) 当 $v = 3$ 时,即系统为 III 型系统,$A(0) \to +\infty$,$\varphi(0) = -\dfrac{3\pi}{2}$。起点位于相位为 $-\dfrac{3\pi}{2}$ 的无穷远处。

2)确定曲线的终点

$\omega \to +\infty$ 时,系统的开环幅频特性为 $A(\omega) = 0$,开环相频特性为 $\varphi(\omega) = -(n-m)\dfrac{\pi}{2}$。

(1) 当 $n - m = 1$ 时,曲线以相位 $-\dfrac{\pi}{2}$ 趋于原点并与负虚轴相切。

(2) 当 $n - m = 2$ 时,曲线以相位 $-\pi$ 趋于原点并与负实轴相切。

(3) 当 $n - m = 3$ 时,曲线以相位 $-\dfrac{3\pi}{2}$ 趋于原点并与正虚轴相切。

(4) 当 $n - m = 4$ 时,曲线以相位 -2π 趋于原点并与正实轴相切。

3)确定曲线与坐标轴的交点

对于曲线与坐标轴的交点,可以令系统开环频率特性的实部和虚部为零解出。其中,实部为零的解为曲线与虚轴的交点,虚部为零的解为曲线与实轴的交点。

【例 3.1】 已知系统的开环传递函数为 $G(s)H(s) = \dfrac{2}{s(s+1)}$,试绘制系统的开环幅相频率特性曲线。

【解】 由题意可知,系统的开环频率特性为

$$G(\mathrm{j}\omega)H(\mathrm{j}\omega) = \dfrac{2}{\mathrm{j}\omega(\mathrm{j}\omega+1)} = \dfrac{-2}{\omega^2+1} - \mathrm{j}\dfrac{2}{\omega(\omega^2+1)}$$

即 $\mathrm{Re}(\omega) = \dfrac{-2}{\omega^2+1}$,$\mathrm{Im}(\omega) = \dfrac{-2}{\omega(\omega^2+1)}$。

（1）因为 $v=1$，故曲线的起点位于相位为 $-\dfrac{\pi}{2}$ 的无穷远处。$\omega \to 0$ 时有 $\mathrm{Re}(\omega)=-2$，$\mathrm{Im}(\omega)=-\infty$。

（2）因为 $n-m=2$，故曲线以相位 $-\pi$ 趋于原点并与负实轴相切。$\omega \to +\infty$ 时有 $\mathrm{Re}(\omega)=0$，$\mathrm{Im}(\omega)=0$。

由此可以得出系统的开环幅相频率特性曲线如图 3-20 所示。

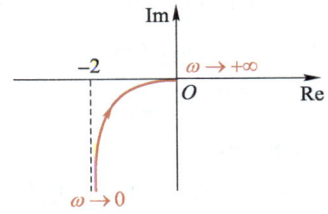

图 3-20　系统的开环幅相频率特性曲线

2. 开环对数频率特性曲线的绘制

对于开环对数幅频特性曲线，通常先绘制其渐近线，然后在转折频率附近进行修正即可得到；对于开环对数相频特性曲线，通常由各典型环节的对数相频特性曲线叠加得到。

开环对数频率特性曲线的绘制

绘制开环对数频率特性曲线的一般步骤如下。

（1）设系统的开环传递函数由多个典型环节串联组成，即将系统的开环频率特性化成典型环节的乘积，并整理成标准形式，即

$$G(\mathrm{j}\omega)H(\mathrm{j}\omega) = G_1(\mathrm{j}\omega)G_2(\mathrm{j}\omega)\cdots G_n(\mathrm{j}\omega)$$

同时求出各典型环节的转折频率并标注于图中。

（2）比较得出最小转折频率 $\omega_{\min}$。由式（3-7）可得，当 $\omega \ll \omega_{\min}$ 时，低频段有

$$L(\omega) = 20\lg|G(\mathrm{j}\omega)H(\mathrm{j}\omega)| \approx 20\lg K - 20v\lg\omega$$

即对应的渐近线方程为

$$L(\omega) = 20\lg K - 20v\lg\omega$$

可以看出低频渐近线的斜率为 $-20v\,\mathrm{dB/dec}$，且经过点 $(1, 20\lg K)$，这条直线一直延伸到最小转折频率 $\omega_{\min}$ 处。

（3）从低频段开始，每经过一个转折频率，渐近线就根据该转折频率所属的典型环节进行改变。当经过惯性环节时，渐近线的斜率应加上 $-20\,\mathrm{dB/dec}$；当经过比例微分环节时，渐近线的斜率应加上 $20\,\mathrm{dB/dec}$；当经过振荡环节时，渐近线的斜率应加上 $-40\,\mathrm{dB/dec}$。

（4）在各转折频率处对渐近线进行修正得到最终的对数幅频特性曲线。

（5）分别画出各典型环节的对数相频特性曲线并沿纵轴方向叠加，得出系统最终的对数相频特性曲线。在实际绘制过程中，可每隔一段计算一个点，然后用光滑曲线连接

即可。

【例 3.2】 已知系统的开环传递函数为 $G(s)H(s) = \dfrac{10}{(s+1)(0.1s+1)}$，试绘制系统的开环对数频率特性曲线。

【解】 系统的开环频率特性为

$$G(j\omega)H(j\omega) = \dfrac{10}{(j\omega+1)(j0.1\omega+1)} = 10 \cdot \dfrac{1}{j\omega+1} \cdot \dfrac{1}{j0.1\omega+1}$$

可以发现，该系统由一个比例环节，两个惯性环节组成，且两个惯性环节的转折频率分别为 1 和 10。因此系统的最小转折频率为 $\omega_{\min}=1$。

（1）将转折频率 1 和 10 标注于图中。

（2）由题意可知，$v=0$，$K=10$。当 $\omega \ll 1$ 时，低频渐近线的方程为

$$L(\omega) = 20\lg K - 20v\lg\omega = 20$$

即在最小转折频率前，低频渐近线方程是一条平行于横轴，且过点 $(1,20)$ 的直线。

（3）低频渐近线在经过第一个转折频率后，斜率加上 $-20\,\text{dB/dec}$，即第二段渐近线的斜率为 $-20\,\text{dB/dec}$。

（4）第二段渐近线在经过第二个转折频率后，斜率加上 $-20\,\text{dB/dec}$，即第三段渐近线的斜率为 $-40\,\text{dB/dec}$。

（5）在转折频率附近进行修正，得到系统的对数幅频特性曲线如图 3-21 所示。

（6）系统的对数相频特性曲线为一个比例环节、两个惯性环节的对数相频特性曲线的叠加，叠加后系统的对数相频特性曲线如图 3-21 所示。

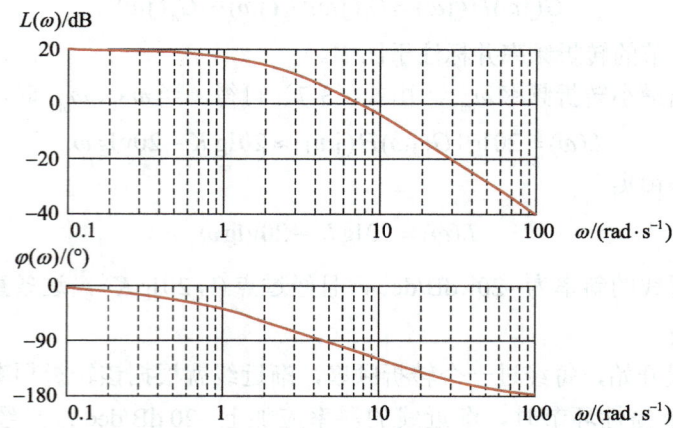

图 3-21　系统的对数频率特性曲线

任务 3.3 利用开环频率特性分析系统的稳定性

任务引入

在实际工程中，会遇到一些系统的闭环传递函数无法直接写出的情况。由于开环传递函数与闭环传递函数的特征方程息息相关，这时借助开环频率特性判定闭环系统的稳定性就会简单很多。同时，利用开环频率特性还可以得到系统的稳定裕度，从而了解系统的相对稳定性。

本任务主要介绍利用开环频率特性分析系统的稳定性的相关内容，知识与技能要求如表 3-6 所示。

表 3-6 知识与技能要求

任务内容	利用开环频率特性分析系统的稳定性	学习程度		
		识记	理解	应用
学习任务	奈奎斯特稳定判据		●	
	对数频率稳定判据		●	
	幅值裕度与相位裕度		●	
	开环频域性能指标与时域性能指标的关系	●		
	闭环频域性能指标与时域性能指标的关系	●		
实训任务	判断闭环系统的稳定性			●
自我勉励				

项目 3 频域分析法

任务工单 ——判断闭环系统的稳定性

1. 任务准备

（1）回顾零、极点的相关概念。
（2）回顾系统特征根与系统稳定性之间的关系。
（3）回顾系统开环频率特性曲线的相关内容。

2. 任务实施

请分别利用奈奎斯特稳定判据和对数频率稳定判据判定下面给定系统的稳定性。

已知系统的开环传递函数为

$$G(s)H(s) = \frac{1}{s^3 + 2s^2 + s + 0.5}$$

系统的开环幅相频率特性曲线如图 3-22 所示，系统的开环对数频率特性曲线如图 3-23 所示。

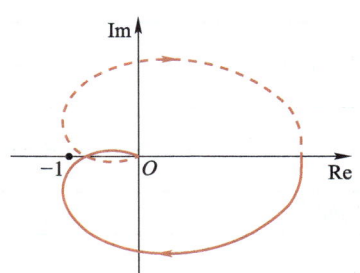

图 3-22 系统的开环幅相频率特性曲线

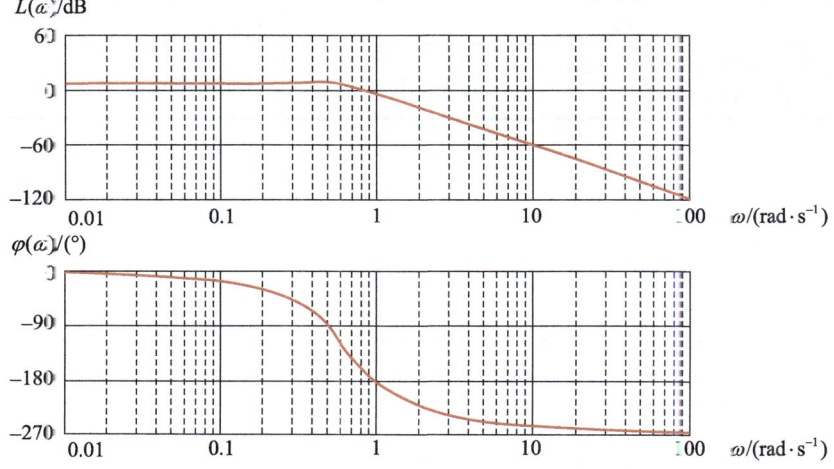

图 3-23 系统的开环对数频率特性曲线

3. 考核评价

任务完成后，根据完成情况填写如表 3-7 所示的考核评价表。

表 3-7　考核评价表

考核项目	评价标准	满分/分	评分/分		
			自评	互评	师评
职业素养考核项目 30%	任务工单整洁、规范	5			
	积极参与，认真思考	10			
	团结协作，与他人密切配合	5			
	发现问题并解决问题	10			
专业能力考核项目 70%	能够利用奈奎斯特稳定判据判定系统的稳定性	35			
	能够利用对数频率稳定判据判定系统的稳定性	35			
合计		100			
总评	自评（20%）+互评（20%）+师评（60%）=	综合等级：	教师（签名）：		

4. 课堂小结

3.3.1 奈奎斯特稳定判据

奈奎斯特稳定判据主要利用系统的开环频率特性来判断相应闭环系统的稳定性。应用奈奎斯特稳定判据，可以不用求取闭环系统的特征根，应用十分方便，下面来介绍奈奎斯特稳定判据的两种情况。

（1）当系统的开环传递函数在 s 平面的原点不存在极点时。

设系统位于 s 右半平面的开环极点数为 P，闭环极点数为 Z，当 ω 由 $-\infty \to +\infty$ 时，系统的开环幅相频率特性曲线按逆时针方向包围点 $(-1, j0)$ 的圈数为 N。若 $N = P$，则闭环系统稳定，否则闭环系统不稳定，且有 $Z = P - N$。

若系统的开环幅相频率特性曲线在 ω 由 $-\infty \to +\infty$ 时通过点 $(-1, j0)$，则闭环系统处于临界稳定状态。

> **课堂互动**
>
> 当开环系统稳定时，闭环系统稳定的充分必要条件是什么？

【例 3.3】 已知系统的开环传递函数为 $G(s)H(s) = \dfrac{5}{(s+1)(5s+1)}$，试用奈奎斯特稳定判据判定系统的稳定性。

【解】 系统的开环频率特性为

$$G(j\omega)H(j\omega) = \frac{5}{(j\omega+1)(5j\omega+1)} = 5 \cdot \frac{1}{j\omega+1} \cdot \frac{1}{5j\omega+1}$$

由此可以作出系统的开环幅相频率特性曲线如图 3-24 所示，从图中可以看出，曲线没有包围点 $(-1, j0)$，即 $N = 0$。系统开环传递函数在 s 右半平面的开环极点数 $P = 0$，即 $P = N$，所以闭环系统稳定。

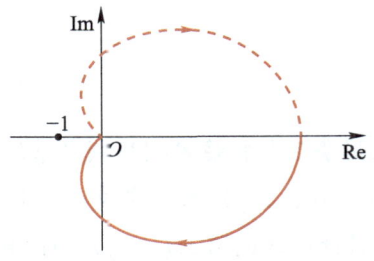

图 3-24 系统的开环幅相频率特性曲线

（2）当系统的开环传递函数在 s 平面的原点存在极点时。

在此条件下，根据对称原则先后作出 ω 由 $0^+ \to +\infty$ 和 $-\infty \to 0^-$ 时的开环幅相频率特性曲线。可以看出，$\omega = 0^+$ 和 $\omega = 0^-$ 两点不重合，且都位于无穷远处。此时需要对系统的开环幅相频率特性曲线进行修改，即从 $\omega = 0^-$ 点开始，以无穷大为半径，顺时针转过 $v\pi$（开环传递函数有 v 个积分环节）作圆弧，终止于 $\omega = 0^+$ 点。该圆弧与开环幅相频率特性曲线就构成了增补的开环幅相频率特性曲线。

当 ω 由 $-\infty \to +\infty$ 时，若增补的开环幅相频率特性曲线按逆时针方向包围点 $(-1, j0)$ 的圈数 N 等于 s 右半平面的开环极点数 P，则闭环系统稳定，否则闭环系统不稳定。

【例 3.4】 已知系统的开环传递函数为 $G(s)H(s) = \dfrac{5s+1}{s(0.1s+1)(0.5s+1)}$，试用奈奎斯特稳定判据判定系统的稳定性。

【解】 系统的开环频率特性为

$$G(j\omega)H(j\omega) = \frac{5j\omega+1}{j\omega(0.1j\omega+1)(0.5j\omega+1)} = (5j\omega+1)\cdot\frac{1}{j\omega}\cdot\frac{1}{0.1j\omega+1}\cdot\frac{1}{0.5j\omega+1}$$

由此可以作出系统增补的开环幅相频率特性曲线如图 3-25 所示，从图中可以看出，曲线没有包围点 $(-1, j0)$，即 $N = 0$。开环传递函数在 s 右半平面的开环极点数 $P = 0$，即 $P = N$，所以闭环系统稳定。

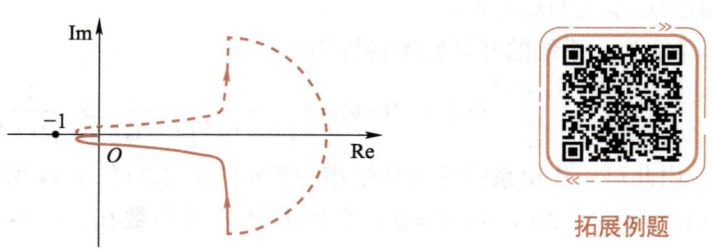

图 3-25 系统的开环幅相频率特性曲线

知识链接

综合以上两种情况，应用奈奎斯特稳定判据判定系统的稳定性，其实就是计算系统的开环幅相频率特性曲线对点 $(-1, j0)$ 的环绕情况，而引入正、负穿越的概念则可以清楚地计算开环幅相频率特性曲线包围点 $(-1, j0)$ 的圈数。

正穿越：系统的开环幅相频率特性曲线在负实轴 $(-\infty, -1)$ 区段内由上向下穿越（逆时针方向），正穿越的次数记为 N_+。正穿越下，相位增加，若曲线起始或终止于负实轴，则称为半次正穿越，如图 3-26（a）所示。

负穿越：系统的开环幅相频率特性曲线在负实轴 $(-\infty, -1)$ 区段内由下向上穿越

（顺时针方向），负穿越的次数记为 N_-。负穿越下，相位减小，若曲线起始或终止于负实轴，则称为半次负穿越，如图 3-26（b）所示。

当 ω 由 $0 \to +\infty$ 时，若开环传递函数在 s 右半平面的开环极点数为 $P = 2(N_+ - N_-)$，则闭环系统稳定，否则闭环系统不稳定。

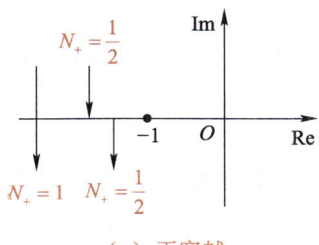
（a）正穿越

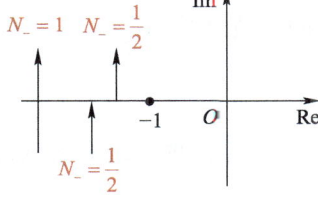
（b）负穿越

图 3-26 正穿越和负穿越

3.3.2 对数频率稳定判据

对数频率稳定判据是通过开环系统的对数频率特性曲线来判定闭环系统的稳定性的，在工程中应用较为广泛。

开环系统的对数频率特性曲线与幅相频率特性曲线之间存在如下的对应关系。

（1）开环幅相频率特性曲线中的负实轴与开环对数相频特性曲线中的 $\varphi(\omega) = -180°$ 线对应。

（2）开环幅相频率特性曲线正、负穿越的次数，与开环对数幅频特性曲线 $L(\omega) > 0$ 频段内，开环对数相频特性曲线沿频率增大的方向，正、负穿越 $\varphi(\omega) = -180°$ 线的次数对应。其中，开环对数相频特性曲线由下向上穿越 $\varphi(\omega) = -180°$ 线称为正穿越，由上向下穿越 $\varphi(\omega) = -180°$ 线称为负穿越，如图 3-27 所示。

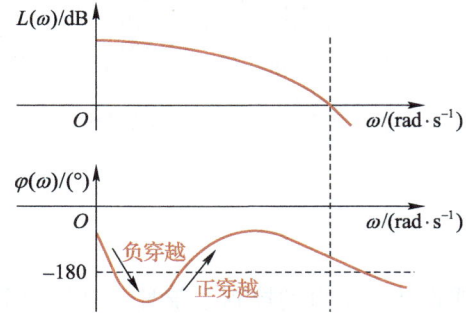

图 3-27 开环对数频率特性曲线中的正、负穿越

（3）开环幅相频率特性曲线中$|G(j\omega)H(j\omega)|=1$的单位圆与开环对数幅频特性曲线中的$L(\omega)=0$线对应；$|G(j\omega)H(j\omega)|>1$部分与开环对数幅频特性曲线$L(\omega)>0$的区域对应；$0<|G(j\omega)H(j\omega)|<1$部分与开环对数幅频特性曲线$L(\omega)<0$的区域对应。

综上所述，可以得出对数频率稳定判据为：当ω由$0\to+\infty$时，若在开环对数幅频特性曲线$L(\omega)>0$频段内，开环对数相频特性曲线沿频率增大的方向，正、负穿越$\varphi(\omega)=-180°$线的次数之差为$\dfrac{P}{2}$（P为开环传递函数在s右半平面的开环极点数），则闭环系统稳定。

【例 3.5】 已知系统的开环传递函数为$G(s)H(s)=\dfrac{20}{s(0.1s+1)}$，试用对数频率稳定判据判定系统的稳定性。

【解】 系统的开环频率特性为

$$G(j\omega)H(j\omega)=20\cdot\dfrac{1}{j\omega}\cdot\dfrac{1}{0.1j\omega+1}$$

系统的开环传递函数在s右半平面的开环极点数为$P=0$。系统的开环对数频率特性曲线如图 3-28 所示，从图中可以看出，在$L(\omega)>0$频段内，开环对数相频特性曲线没有穿越$\varphi(\omega)=-180°$线，即正、负穿越次数之差为 0，等于$\dfrac{P}{2}$，所以闭环系统稳定。

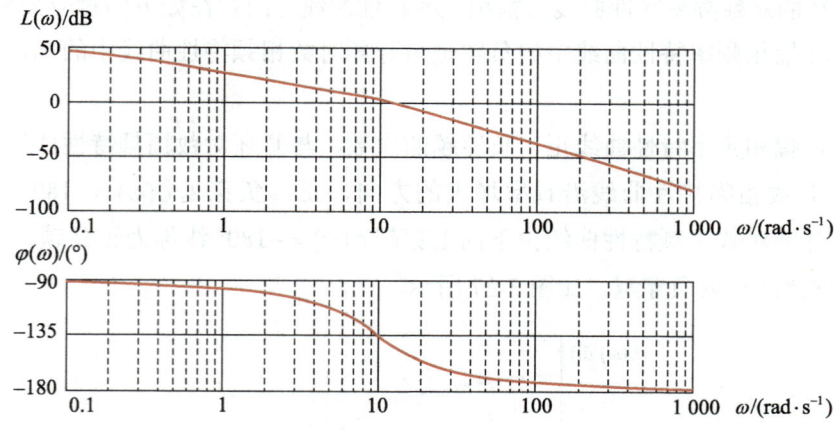

图 3-28 系统的开环对数频率特性曲线

3.3.3 稳定裕度

在实际工程中，分析或设计一个自动控制系统时，只分析系统是否稳定是不够的，还需要分析系统在扰动量作用下的相对稳定性，即系统的稳定裕度，它通常用幅值裕度和相位裕度来表示。

1. 幅值裕度

开环幅相频率特性曲线与负实轴相交处的幅值的倒数称为幅值裕度，用 K_g 表示，即

$$K_g = \frac{1}{|G(j\omega_g)H(j\omega_g)|}$$

式中：

ω_g——相位穿越频率，即开环幅相频率特性曲线与负实轴相交处的频率，此处的相位为 $\varphi(\omega_g) = -180°$，如图 3-29 所示。

在开环对数频率特性曲线中，幅值裕度表示为

$$K_g = 20\lg\frac{1}{|G(j\omega_g)H(j\omega_g)|} = -20\lg|G(j\omega_g)H(j\omega_g)|$$

此时，相位穿越频率对应开环对数相频特性曲线中 $\varphi(\omega) = -180°$ 时的频率，如图 3-30 所示。

幅值裕度表示开环幅相频率特性曲线在负实轴上靠近点 $(-1, j0)$ 的程度。对于稳定系统，若开环增益增大到原来的 K_g 倍，则系统达到临界稳定状态；若开环增益进一步增大，则系统达到不稳定状态。反之，对于不稳定的系统，若开环增益减小到原来的 $\frac{1}{K_g}$，则系统达到临界稳定状态；若开环增益进一步减小，则系统达到稳定状态。

2. 相位裕度

开环幅相频率特性曲线与单位圆相交处的相位与 $-180°$ 之差称为相位裕度，用 γ 表示，即

$$\gamma = 180° + \varphi(\omega_c)$$

式中：

ω_c——幅值穿越频率（又称剪切频率或开环截止频率），即开环幅相频率特性曲线与单位圆相交处的频率，如图 3-29 所示。

在开环对数频率特性曲线中，相位裕度为 $L(\omega) = 0$ 处的频率对应的 $\varphi(\omega_c)$ 与 $-180°$ 线之间的角度差，如图 3-30 所示。

对于稳定系统，若 $\varphi(\omega_c)$ 滞后 γ 角度，则系统处于临界稳定状态；若滞后角度大于 γ，则系统达到不稳定状态。反之，对于不稳定的系统，若 $\varphi(\omega_c)$ 超前 γ 角度，则系统达到临界稳定状态；若超前角度大于 γ，则系统达到稳定状态。

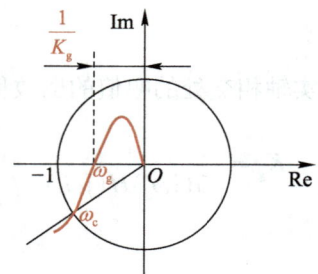

图 3-29 稳定裕度在开环幅相频率特性曲线中的表示

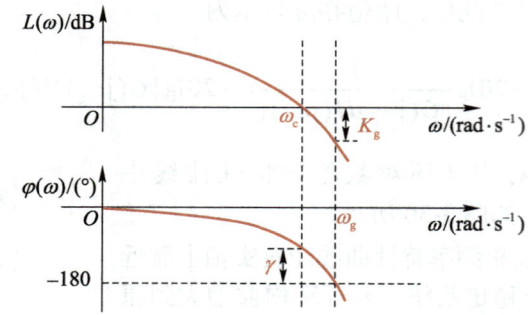

图 3-30 稳定裕度在开环对数频率特性曲线中的表示

3.3.4 开环频域性能指标与时域性能指标的关系

系统的开环频域性能指标包括相位穿越频率、幅值裕度、幅值穿越频率和相位裕度。已知典型二阶系统的开环频率特性为

$$G(j\omega)H(j\omega) = \frac{\omega_n^2}{j\omega(j\omega + 2\zeta\omega_n)}$$

开环幅频特性为

$$A(\omega) = \frac{\omega_n^2}{\omega\sqrt{\omega^2 + (2\zeta\omega_n)^2}}$$

开环相频特性为

$$\varphi(\omega) = -90° - \arctan\frac{\omega}{2\zeta\omega_n}$$

（1）相位裕度与最大超调量的关系。

由上面的式子可以得出，幅值穿越频率为

$$\omega_c = \omega_n\sqrt{-2\zeta^2 + \sqrt{4\zeta^2 + 1}} \tag{3-8}$$

与之对应的相位裕度为

$$\gamma = 180° + \varphi(\omega_c) = \arctan \frac{2\zeta}{\sqrt{-2\zeta^2 + \sqrt{4\zeta^4 + 1}}} \tag{3-9}$$

由式（2-8）和式（3-9）可知，最大超调量和相位裕度都仅与阻尼比有关，且阻尼比越小，相位裕度越小，最大超调量越大。

（2）相位裕度、幅值穿越频率和调节时间的关系。

根据任务 2.2 中得到的调节时间的计算公式可以得出

$$t_s = \begin{cases} \dfrac{3}{\zeta \omega_n} = \dfrac{6}{\omega_c} \times \dfrac{1}{\tan \gamma} & (\varDelta = \pm 5\%) \\ \dfrac{4}{\zeta \omega_n} = \dfrac{8}{\omega_c} \times \dfrac{1}{\tan \gamma} & (\varDelta = \pm 2\%) \end{cases}$$

可见，当相位裕度不变时，幅值穿越频率越大，则调节时间越小，即调节时间与幅值穿越频率成反比。

> **知识链接**
>
> 对于高阶系统，其开环频域性能指标与时域性能指标的对应关系复杂，这里引入"三频段"概念。"三频段"的划分并没有严格限制，通常而言，低频段指开环对数幅频特性曲线在第一个转折频率前的频段；中频段指开环对数幅频特性曲线在幅值穿越频率附近的频段；高频段指开环对数幅频特性曲线在中频段之后的频段。为了使系统满足相应的性能要求，系统开环对数幅频特性曲线的低频段斜率的绝对值不宜过小；中频段宽度不宜过小，且斜率最好为 –20 dB/dec；高频段应使幅值尽快减小。

3.3.5 闭环频域性能指标与时域性能指标的关系

常用的闭环频域性能指标主要包括谐振峰值（M_r）、谐振频率（ω_r）和带宽频率（ω_b），如图 3-31 所示。

谐振峰值（M_r）：闭环幅频特性的最大值。谐振峰值的数值越大，系统阶跃响应的最大超调量也越大，它主要反映系统的平稳性。

谐振频率（ω_r）：谐振峰值对应的频率。谐振频率的数值越大，系统的动态响应越快，它主要反映系统动态响应的速度。

带宽频率（ω_b）：指闭环幅频特性的值衰减到初始值的 0.707 时对应的频率。带宽频率的数值越大，系统复现高频信号的能力越强、失真越小，即系统的快速性越好。

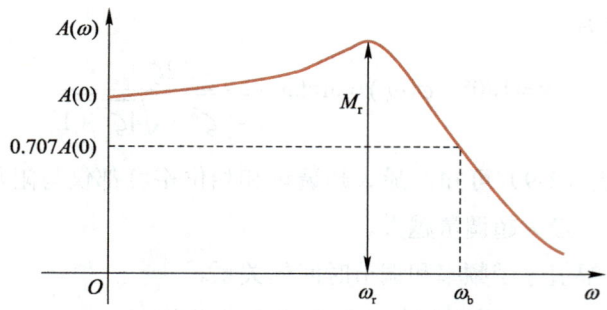

图 3-31 常见的闭环频域性能指标

已知典型二阶系统的闭环频率特性为

$$G(j\omega) = \frac{\omega_n^2}{(j\omega)^2 + 2\zeta\omega_n(j\omega) + \omega_n^2}$$

闭环幅频特性为

$$A(\omega) = \frac{\omega_n^2}{\sqrt{(\omega_n^2 - \omega^2)^2 + (2\zeta\omega_n\omega)^2}} \quad (3\text{-}10)$$

（1）谐振峰值与最大超调量的关系。

当 $0 < \zeta < 0.707$ 时，令 $\dfrac{dA(\omega)}{d\omega} = 0$，可以得到谐振频率为

$$\omega_r = \omega_n\sqrt{1 - 2\zeta^2} \quad (3\text{-}11)$$

将式（3-11）代入式（3-10）可以得到谐振峰值为

$$M_r = \frac{1}{2\zeta\sqrt{1 - \zeta^2}}$$

可以看出，谐振峰值仅与阻尼比有关，当 $M_r = 1.2 \sim 1.5$ 时，$\sigma\% = 20\% \sim 30\%$，此时系统整体的平稳性较好。

（2）谐振频率与峰值时间的关系。

任务 2.2 中已给出峰值时间为 $t_p = \dfrac{\pi}{\omega_n\sqrt{1 - \zeta^2}}$，联系式（3-11）可以看出，阻尼比不变时，谐振频率越大，峰值时间越小。

（3）带宽频率与调节时间的关系。

根据带宽频率的定义有

$$\frac{\omega_n^2}{\sqrt{(\omega_n^2 - \omega_b^2)^2 + (2\zeta\omega_n\omega_b)^2}} = 0.707$$

可以得出

$$\omega_b = \omega_n \sqrt{1 - 2\zeta^2 + \sqrt{2 - 4\zeta^2 + 4\zeta^4}} \qquad (3\text{-}12)$$

当 $\Delta = \pm 5\%$ 时，有 $t_s = \dfrac{3}{\zeta \omega_n}$，代入式（3-12）可得

$$\omega_b t_s = \frac{3}{\zeta} \sqrt{1 - 2\zeta^2 + \sqrt{2 - 4\zeta^2 + 4\zeta^4}}$$

可以看出，阻尼比不变时，带宽频率越大，调节时间越小。

对于高阶系统，其闭环频域性能指标与时域性能指标的对应关系比较复杂，很难用严格的解析式来表达，常采用近似估计法。

任务 3.4 利用 MATLAB 进行频域分析

任务引入

借助系统开环频率特性曲线可以直观地判断系统的稳定性,但手动绘制相关曲线比较麻烦。为了进一步减少工作量,我们可以借助 MATLAB 绘制相关的开环频率特性曲线,通过准确的图像更好地判定系统的稳定性,同时还可以快速求取对应的稳定裕度,分析系统的相对稳定性。

本任务主要介绍利用 MATLAB 进行频域分析的相关内容,知识与技能要求如表 3-8 所示。

表 3-8 知识与技能要求

任务内容	利用 MATLAB 进行频域分析	学习程度		
		识记	理解	应用
学习任务	利用 MATLAB 绘制开环幅相频率特性曲线			●
	利用 MATLAB 绘制开环对数频率特性曲线			●
	利用 MATLAB 计算系统的稳定裕度			●
实训任务	利用 MATLAB 分析系统的稳定性			●
自我勉励				

任务工单 ——利用 MATLAB 分析系统的稳定性

1. 任务准备

（1）回顾 MATLAB 中传递函数及多项式的输入方法，即

$$G=tf(num,den)$$
$$C=conv(A,B)$$

（2）回顾奈奎斯特稳定判据。
（3）回顾对数频率稳定判据。
（4）回顾系统特征根的相关知识。

2. 任务实施

已知系统的开环传递函数为

$$G(s)H(s) = \frac{10(s+1)}{s^3 + 2s^2 + 5}$$

任务实施示范

请利用 MATLAB、奈奎斯特稳定判据及对数频率稳定判据判定系统的稳定性。

3. 考核评价

任务完成后，根据完成情况填写如表 3-9 所示的考核评价表。

表 3-9 考核评价表

考核项目	评价标准	满分/分	评分/分		
			自评	互评	师评
职业素养考核项目 30%	任务工单整洁、规范	5			
	积极参与，认真思考	10			
	团结协作，与他人密切配合	5			
	发现问题并解决问题	10			
专业能力考核项目 70%	能正确作出系统的开环幅相频率特性曲线	25			
	能正确作出系统的开环对数频率特性曲线	25			
	能正确求取系统的幅值裕度和相位裕度	20			
	合计	100			
总评	自评（20%）+互评（20%）+师评（60%）=	综合等级：	教师（签名）：		

4. 课堂小结

3.4.1 利用 MATLAB 绘制开环幅相频率特性曲线

在 MATLAB 中可以用 nyquist 函数绘制系统的开环幅相频率特性曲线，其调用格式为

nyquist(num,den) 或 nyquist(G)

其中，G 表示系统的传递函数。

【例 3.6】 设系统的开环传递函数为 $G(s)H(s)=\dfrac{s(s+2)}{s^3+2s^2+8s+3}$，利用 MATLAB 绘制该系统的开环幅相频率特性曲线。

【解】 在命令行窗口输入

```
>>num=conv([1,0],[1,2]);
>>den=[1,2,8,3];
>>nyquist(num,den);
```

结果如图 3-32 所示。

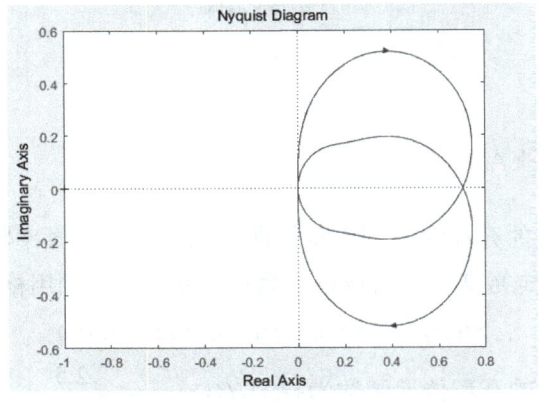

图 3-32 系统的开环幅相频率特性曲线

3.4.2 利用 MATLAB 绘制开环对数频率特性曲线

在 MATLAB 中可以用 bode 函数绘制系统的开环对数频率特性曲线，其调用格式为

bode(num,den) 或 bode(G)

【例 3.7】 设系统的开环传递函数为 $G(s)H(s)=\dfrac{20(s+1)}{s(10s+1)(0.1s+1)}$，利用 MATLAB 绘制该系统的开环对数频率特性曲线。

【解】 在命令行窗口输入

```
>>num=[20,20];
>>den=conv([1,0],conv([10,1],[0.1,1]));
>>bode(num,den);
>>grid on
```

结果如图 3-33 所示。

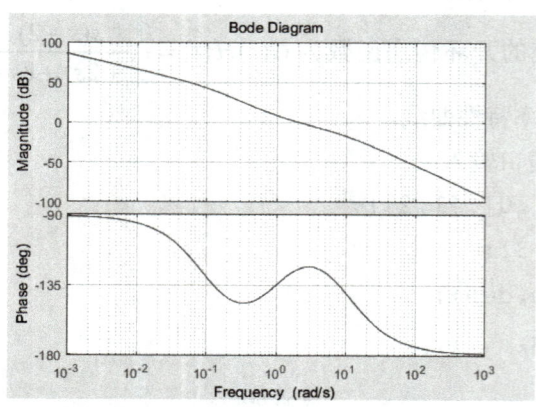

图 3-33 系统的开环对数频率特性曲线

3.4.3 利用 MATLAB 计算系统的稳定裕度

除了可以绘制系统的开环幅相频率特性曲线和开环对数频率特性曲线,在 MATLAB 中还可以求取系统的稳定裕度,用 margin 函数即可实现,其调用格式为

$$\text{margin(num,den)} \text{ 或 } \text{margin(G)}$$

【例 3.8】 设系统的开环传递函数为 $G(s)H(s) = \dfrac{2.5}{s^3 + 3s^2 + 3s + 2}$,利用 MATLAB 求该系统的幅值裕度和相位裕度。

【解】在命令行窗口输入

```
>>num=[2.5];
>>den=[1,3,3,2];
>>margin (num,den);
>>grid on
```

结果如图 3-34 所示,图中 Gm 为幅值裕度,即 $K_g = 8.94 \text{ dB}$,Pm 为相位裕度,即 $\gamma = 52.3°$。

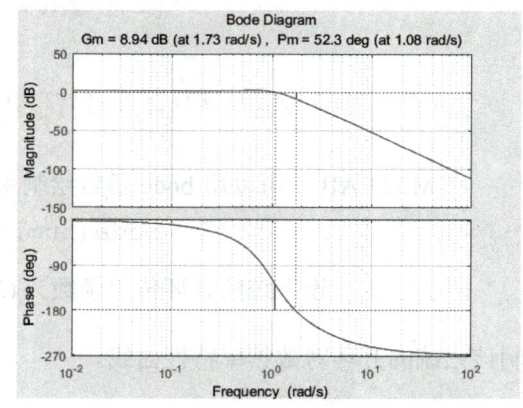

图 3-34 系统的稳定裕度

匠心筑梦

从事电力行业20多年，张霁明带领团队开展技术攻关，先后取得"电网室内智能检修机器人""变电站监控信息自动验收工具"等科技创新成果，牵头建成"毫秒级"光纤差动分布式馈线自动化系统，曾获全国五一劳动奖章、"浙江最美工匠"等荣誉。

由于幼年时的医疗事故，张霁明双耳失聪，一直靠助听器与外界交流。2001年，张霁明进入鄞州供电局，成为一名检修工。当时，鄞州正在进行变电站无人值守自动化改造。施工时，张霁明每天与厂家人员一起工作，全程参与安装、维修、测试等环节，将全区38座变电站系统中成千上万条数据熟记于心。后来，张霁明被调入鄞州供电局调控中心运维自动化主站，成为一名技术人员。那时，电力监控系统中的设备故障信号有10万余条，但张霁明只需看上一眼，就能迅速判断出故障部位和故障原因，并给出处理办法。

2010年的一个台风夜，又一次接到调度故障求助电话的张霁明，因路上有积水而无法立即前往支援。"一个人能力再强，也有局限。"张霁明意识到，改良调度自动化系统势在必行。如今，故障隔离与用电恢复时间已经从"小时级"缩短至"毫秒级"，系统已经更迭了6代。每一代系统从服务器安装、交换机配置到满屏柜上的接线，张霁明都全程参与搭建。

2017年，张霁明牵头组建了工匠人才创新工作室，还根据多年的技术经验，出版专业书籍，帮助运维班的员工快速成长。"踏踏实实从基础干起，不怕吃苦，在实践中思考和总结，才能把工作做好。"张霁明觉得，技术总是会持续更新，要不断学习，方能与时俱进。

张霁明的办公桌上，放着一个蓝色文件夹，里面装满了A4纸大小的工作便签，上面密密麻麻写满了每天的工作事项。十几年下来，便签写了4 000多张。漆黑的夜幕下，张霁明办公室的灯还在亮着；一切忙完，街头已是灯火通明。

（资料来源：窦皓，《全国五一劳动奖章获得者张霁明领衔攻关——毫秒级修复 自动化运维》，人民日报，2024年1月4日）

项目综合考核

课堂练习

1. 填空题

（1）系统的频率响应与正弦信号之间的关系称为系统的_____。

（2）系统的频率特性用幅值和相位可以表示为_____，还可以用实部和虚部表示为_____。

（3）惯性环节的对数幅频特性为_____，对数相频特性为_____。

（4）转折频率为_____。

（5）从低频段开始，每经过一个转折频率，渐近线就根据该转折频率所属的典型环节进行改变。当经过惯性环节时，渐近线的斜率应加上_____；当经过比例微分环节时，渐近线的斜率应加上_____；当经过振荡环节时，渐近线的斜率应加上_____。

（6）开环系统的幅相频率特性曲线中的负实轴与对数相频特性曲线中的_____线对应。开环系统的幅相频率特性曲线中 $|G(j\omega)H(j\omega)|=1$ 的单位圆与对数幅频特性曲线中的_____线对应。

（7）相位裕度仅与_____有关。

（8）常用的闭环频域性能指标主要包括_____、_____、_____。

2. 判断题

（1）奈奎斯特稳定判据和对数频率稳定判据中关于正、负穿越的定义是相同的。
(   )

（2）当相位裕度不变时，调节时间与幅值穿越频率成反比。
(   )

3. 简答题

（1）简述开环对数频率特性曲线绘制的一般步骤。

（2）简述奈奎斯特稳定判据的内容。

（3）简述对数频率稳定判据的内容。

项目综合评价

指导教师根据学生对本项目的实际学习情况进行评价,学生配合指导教师共同完成如表 3-10 所示的学习成果评价表。

表 3-10 学习成果评价表

班级			学号	
姓名			指导教师	
项目名称		频域分析法		
日期				
评价项目	评价内容	评价方式	满分/分	评分/分
知识 40%	频率特性的相关概念及表示方法	理论测试	10	
	典型环节的频率特性		10	
	奈奎斯特稳定判据和对数频率稳定判据		10	
	频域性能指标及其与时域性能指标的关系		10	
技能 40%	掌握典型环节的频率特性	实践检验	10	
	绘制系统的开环频率特性曲线		10	
	判断闭环系统的稳定性		10	
	利用 MATLAB 分析系统的稳定性		10	
素养 20%	积极参加教学活动,遵守课堂纪律	综合评价	5	
	主动思考学习,团结协作		5	
	认真负责,按时完成课堂任务		5	
	守正创新,知行合一		5	
合计			100	
自我评价				
指导教师评价				

项目 4 自动控制系统的校正

项目导读

通过系统分析可以判断一个系统是否满足实际要求,当自动控制系统的性能不能满足相关要求时,就需要对其进行调节。在实际工程中,通常引入校正装置来改善自动控制系统的性能,这个过程称为自动控制系统的校正。

本项目主要围绕自动控制系统的校正展开介绍,即找到改善自动控制系统性能的方法。

知识目标

- 掌握自动控制系统的校正装置及校正方式。
- 掌握自动控制系统校正的基本控制规律。
- 掌握串联校正、反馈校正及复合校正的特性。

技能目标

- 能够在 MATLAB 中进行校正。

素质目标

- 提高沟通和协作能力。
- 培养分析问题、解决问题的能力。
- 弘扬脚踏实地、精益求精的工匠精神。

任务 4.1　认识自动控制系统的校正

任务引入

当自动控制系统的性能不满足给定要求时，常采用校正的方式对其进行改善。生活中，一些常见的电路、软件、机械装置等都可能是校正装置，它们往往处在系统中的不同位置和通道中，遵循着不同的控制规律，改善着系统特定的性能。

本任务主要介绍自动控制系统校正的相关内容，知识与技能要求如表 4-1 所示。

表 4-1　知识与技能要求

任务内容	认识自动控制系统的校正	学习程度		
		识记	理解	应用
学习任务	校正装置		●	
	校正方式	●		
	基本控制规律		●	
实训任务	绘制系统的响应曲线			●
自我勉励				

任务工单 ——绘制系统的响应曲线

1. 任务准备

（1）回顾 MATLAB 中建立传递函数及单位阶跃响应的命令。
（2）熟悉 MATLAB 中循环语句的命令。

2. 任务实施

已知系统的结构图如图 4-1 所示，$G(s) = \dfrac{1}{(s+1)(s+2)(3s+1)}$，当分别采用比例控制、比例-微分控制和比例-积分控制时，试绘制系统的单位阶跃响应曲线。其中，当采用比例控制时，$K_p = 0.1, 1, 3, 10$；当采用比例-微分控制时，$K_p = 1$，$T_d = 0.5, 1, 3, 10$；当采用比例-积分控制时，$K_p = 2$，$T_i = 1, 1.5, 2, 3$。

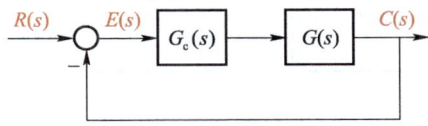

图 4-1 系统的结构图

3. 考核评价

任务完成后，根据完成情况填写如表 4-2 所示的考核评价表。

表 4-2 考核评价表

考核项目	评价标准	满分/分	评分/分		
			自评	互评	师评
职业素养考核项目 30%	任务工单整洁、规范	5			
	积极参与，认真思考	10			
	团结协作，与他人密切配合	5			
	发现问题并解决问题	10			
专业能力考核项目 70%	能够掌握基本控制规律的传递函数	30			
	能够利用基本控制规律进行系统响应分析	40			
合计		100			
总评	自评（20%）+互评（20%）+师评（60%）=	综合等级：	教师（签名）：		

4. 课堂小结

4.1.1 校正装置

一般来说，系统中的测量、执行、比较和放大等元件构成了系统中的不可变部分，这部分的特性一般较差，单纯依靠调节系统的增益往往很难使系统达到期望的动态及稳态性能要求。为使系统满足相关要求，就需要引入附加装置进行改善，这样的附加装置称为校正装置。

根据校正装置的特性，校正装置可分为超前校正装置、滞后校正装置和滞后-超前校正装置。

1. 超前校正装置

如果校正装置输出信号的相位超前于输入信号的相位，则称为超前校正装置。典型的无源超前校正装置如图 4-2 所示。

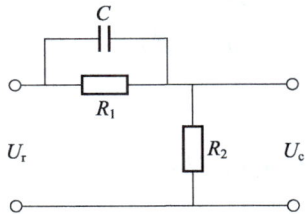

图 4-2 无源超前校正装置

利用复数阻抗法，可求得该装置的传递函数为

$$G_c(s) = \frac{U_c(s)}{U_r(s)} = \frac{R_2}{R_2 + \dfrac{R_1}{1+R_1Cs}} = \frac{R_2}{R_1+R_2} \cdot \frac{1+R_1Cs}{1+\dfrac{R_1R_2}{R_1+R_2}Cs} = \frac{1}{a} \cdot \frac{1+aTs}{1+Ts} \quad (4\text{-}1)$$

式中：

a——衰减因子，$a = \dfrac{R_1+R_2}{R_2} > 1$；

T——时间常数，$T = \dfrac{R_1R_2}{R_1+R_2}C$。

超前校正装置的基本原理是利用校正环节的超前相位补偿系统的滞后相位，以改善系统的性能。该装置作用于系统后，会造成系统开环增益减小，若在该装置中串联一个放大倍数为 a 的放大器，即可进行补偿。

根据式（4-1）可以得到，加入放大倍数为 a 的补偿放大器后，无源超前校正装置的对数频率特性曲线如图 4-3 所示。

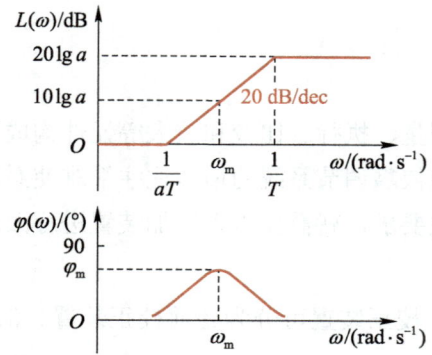

图 4-3　无源超前校正装置的对数频率特性曲线

令 $\dfrac{\mathrm{d}\varphi(\omega)}{\mathrm{d}\omega}=0$，可得 $\omega_{\mathrm{m}}=\dfrac{1}{T\sqrt{a}}$，它位于两个转折频率 $\dfrac{1}{aT}$ 和 $\dfrac{1}{T}$ 的几何中心，且在 $\omega=\omega_{\mathrm{m}}$ 处有最大超前相位 $\varphi_{\mathrm{m}}=\arcsin\dfrac{a-1}{a+1}$。可以看出，最大超前相位只与 a 有关，且呈正相关关系，a 越大，校正装置的微分效应越强，但 a 值一般不超过 20。

2．滞后校正装置

如果校正装置输出信号的相位滞后于输入信号的相位，则称为滞后校正装置。典型的无源滞后校正装置如图 4-4 所示。

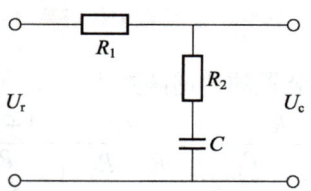

图 4-4　无源滞后校正装置

利用复数阻抗法，可求得该装置的传递函数为

$$G_{\mathrm{c}}(s)=\dfrac{U_{\mathrm{c}}(s)}{U_{\mathrm{r}}(s)}=\dfrac{R_2+\dfrac{1}{Cs}}{R_1+R_2+\dfrac{1}{Cs}}=\dfrac{R_2Cs+1}{(R_1+R_2)Cs+1}=\dfrac{1+bTs}{1+Ts} \quad (4\text{-}2)$$

式中：

b——表示滞后的深度，$b=\dfrac{R_2}{R_1+R_2}<1$；

T——时间常数，$T=(R_1+R_2)C$。

根据式（4-2）可以得到无源滞后校正装置的对数频率特性曲线，如图 4-5 所示。

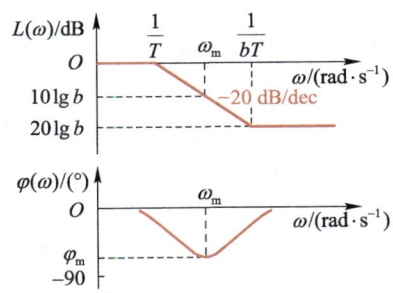

图 4-5 无源滞后校正装置的对数频率特性曲线

令 $\dfrac{d\varphi(\omega)}{d\omega}=0$，可得 $\omega_m = \dfrac{1}{T\sqrt{b}}$，它位于两个转折频率 $\dfrac{1}{T}$ 和 $\dfrac{1}{bT}$ 的几何中心，且在 $\omega=\omega_m$ 处有最大滞后相位 $\varphi_m = \arcsin\dfrac{1-b}{1+b}$。可以看出，最大滞后相位只与 b 有关。滞后校正装置主要对高频噪声信号有削弱作用，b 越小，抑制高频噪声的能力越强，即积分作用越强。利用这种特性可降低系统的幅值穿越频率，提高系统的相位裕度。

3．滞后-超前校正装置

超前校正装置和滞后校正装置各有其优缺点，但对某些系统来说，单独使用其中一种校正装置较难使其达到满意的性能，此时就可以将两者结合起来，组成滞后-超前校正装置。

滞后-超前校正装置可以同时发挥超前校正装置和滞后校正装置的优点，即超前校正部分可改善系统的动态性能，滞后校正部分可改善系统的稳态性能，这就是滞后-超前校正装置的基本思想。

典型的无源滞后-超前校正装置如图 4-6 所示。

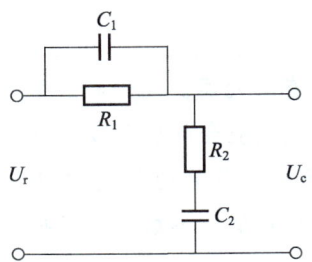

图 4-6 无源滞后-超前校正装置

利用复数阻抗法，可求得该装置的传递函数为

$$G_c(s)=\dfrac{U_c(s)}{U_r(s)}=\dfrac{R_2+\dfrac{1}{C_2 s}}{\dfrac{R_1}{1+R_1 C_1 s}+R_2+\dfrac{1}{C_2 s}}=\dfrac{(R_1 C_1 s+1)(R_2 C_2 s+1)}{1+(R_1 C_1+R_2 C_2+R_1 C_2)s+R_1 C_1 R_2 C_2 s^2} \quad (4\text{-}3)$$

令 $R_1C_1 = T_1$，$R_2C_2 = T_2$，$R_1C_1 + R_2C_2 + R_1C_2 = \alpha T_1 + \dfrac{T_2}{\alpha}$，则式（4-3）可以表示为

$$G_c(s) = \dfrac{(T_1s+1)(T_2s+1)}{(\alpha T_1 s + 1)\left(\dfrac{T_2}{\alpha}s + 1\right)} \quad (\alpha > 1) \tag{4-4}$$

其中，等号右边的 $\dfrac{T_1s+1}{\alpha T_1 s+1}$ 产生滞后校正作用，$\dfrac{T_2s+1}{\dfrac{T_2}{\alpha}s+1}$ 产生超前校正作用。

假设 $T_1 > T_2$，根据式（4-4）可以得到无源滞后-超前校正装置的对数频率特性曲线，如图 4-7 所示。

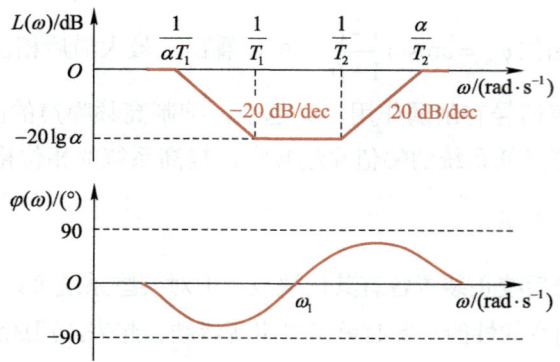

图 4-7　无源滞后-超前校正装置的对数频率特性曲线

从图 4-7 可以看出：低频段具有负相位，起滞后校正作用，高频段具有正相位，起超前校正作用。

知识链接

校正装置还可分为无源和有源两类。无源校正装置无须外加电源，通常由 RC 无源网络构成，电路简单，但负载效应会削弱其校正作用，因此，无源校正装置常搭配附加放大器来进行补偿。有源校正装置通常是由 RC 网络和运算放大器组成的控制器，其输入阻抗较高，输出阻抗较低，参数可以根据需要进行调整，在自动控制系统中应用广泛。

4.1.2　校正方式

根据校正装置在系统中所处位置及连接方式的不同，校正方式可分为串联校正、反馈校正和复合校正。

1. 串联校正

串联校正是指校正装置串联在系统前向通道中的校正方式。串联校正装置所处的位置与原来系统的结构和校正装置本身的特性有关，一般处于前向通道中能量较低的地方，如图 4-8 所示。

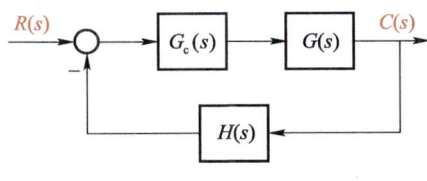

图 4-8 串联校正

在图 4-8 中，$G_c(s)$ 为校正装置的传递函数。串联校正对参数变化敏感，比较容易对信号实现变换，且设计简单，在设计中常被使用。

2. 反馈校正

反馈校正是指校正装置设置在系统局部反馈回路中的校正方式，一般构成局部负反馈，如图 4-9 所示。

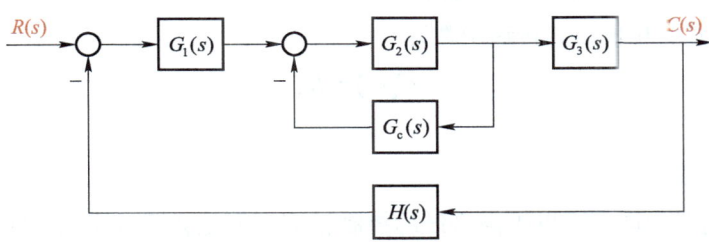

图 4-9 反馈校正

反馈校正能够抑制非线性因素、系统原有部分的参数变化等对系统造成的不利影响，反馈校正的元件数一般不多，但是精度要求较高，因此设计相对复杂。

3. 复合校正

复合校正是指校正装置设置在系统反馈回路之外的附加的校正方式。

如图 4-10（a）所示为按输入补偿的复合校正，校正装置并联在系统反馈回路之外的前向通道中；如图 4-10（b）所示为按扰动补偿的复合校正，校正装置的接入形成了对扰动量进行补偿的附加通道。复合校正能够减少积分环节，提高系统的动态性能。

在实际应用中，校正方式的选取与系统的结构、所采用的元件、信号及性能指标要求等息息相关。一般而言，串联校正比反馈校正更容易实现，复合校正能够使系统达到满意的动态性能和稳态性能。此外，为了技术实现方便，同时使系统拥有满意的性能，可采用混合校正方式，如在串联校正的基础上再进行反馈校正。

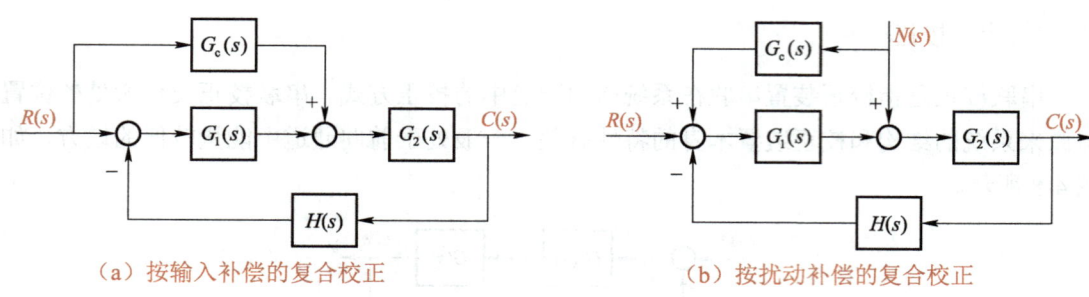

(a)按输入补偿的复合校正　　　　　(b)按扰动补偿的复合校正

图 4-10　复合校正

4.1.3　基本控制规律

基本控制规律

要想更好地选用校正装置,就必须了解其控制规律。PID 控制规律是目前应用最为广泛的基本控制规律,包括比例、比例-微分、积分、比例-积分、比例-积分-微分等控制规律。

1. 比例控制规律

具有比例(P)控制规律的控制器称为 P 控制器,它实质上是可以调节增益的放大器,不会影响信号的相位,其传递函数为

$$G_c(s) = K_p$$

式中:

K_p——增益或比例系数。

增大 P 控制器的增益可以提高系统的控制精度,但是会降低系统的相对稳定性,甚至会使系统不稳定,因此在校正设计中一般不单独使用比例控制规律。

2. 比例-微分控制规律

具有比例-微分(PD)控制规律的控制器称为 PD 控制器,其传递函数为

$$G_c(s) = K_p(1 + T_d s)$$

式中:

T_d——微分时间常数。

PD 控制器相当于超前校正装置,同时具有比例控制和微分控制的优点。微分控制可以反映输入信号的变化趋势,在信号变化前产生早期校正信号,从而提高系统的稳定性。调节微分时间常数可以改变微分作用的强弱,但微分作用过强,容易放大高频噪声。此外,当输入信号无变化或变化极其缓慢时,微分控制会失去控制作用,因此微分控制不能单独作为串联校正装置使用。

3. 积分控制规律

具有积分（I）控制规律的控制器称为 I 控制器，其传递函数为

$$G_c(s) = \frac{K_i}{s}$$

式中：

K_i——积分系数。

I 控制器主要通过提高系统型别来减小系统的稳态误差，但同时可能会使系统不稳定，因此在校正设计中一般不单独使用积分控制规律。

4. 比例-积分控制规律

具有比例-积分（PI）控制规律的控制器称为 PI 控制器，其传递函数为

$$G_c(s) = K_p\left(1 + \frac{1}{T_i s}\right)$$

式中：

T_i——积分时间常数。

PI 控制器相当于滞后校正装置，同时具有比例控制和积分控制的优点，可以在提高系统稳态性能的同时，提高系统的响应速度。当积分时间常数足够大时，会减弱 PI 控制器对系统稳定性造成的不利影响。

5. 比例-积分-微分控制规律

具有比例-积分-微分（PID）控制规律的控制器称为 PID 控制器，其传递函数为

$$G_c(s) = K_p\left(1 + \frac{1}{T_i s} + T_d s\right)$$

PID 控制器相当于滞后-超前校正装置，同时具有 PI 控制器和 PD 控制器的优点。通常，应使 PID 控制器在低频段进行滞后校正，提高系统的稳态性能；在中频段进行超前校正，改善系统的动态性能。

> **课堂互动**
>
> PID 控制属于开环控制还是闭环控制？它是有源校正还是无源校正？

【例 4.1】 已知系统的结构图如图 4-1 所示，$G(s) = \dfrac{1}{(s+1)(s+2)(3s+1)}$，采用 PID 控制，$K_p = 2$，$T_i = 2$，$T_d = 0.5, 1, 1.5, 2$。试研究不同微分时间常数下系统的单位阶跃响

应，并绘制单位阶跃响应曲线。

【解】　在 MATLAB 命令行窗口输入

```
>>Kp=2;Ti=2;Td=[0.5,1,1.5,2];
>>G=tf(1,conv([1,1],conv([1,2],[3,1])));
>>for i=1:4                              %循环语句，以 end 结束
>>Gc=tf(Kp*[Td(i),1,1/Ti],[1,0]);
>>G0=feedback(G*Gc,1);
>>step(G0);hold on;
>>end
```

结果如图 4-11 所示。

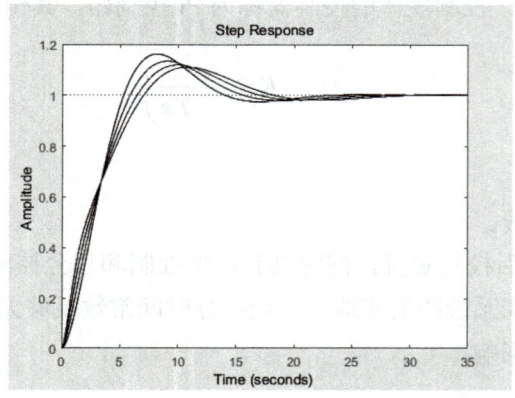

图 4-11　系统的单位阶跃响应曲线

可以发现，随着微分时间常数的增大，系统早期响应速度提高，最大超调量减小。

> **提示**
>
> 对于 PID 控制器，当 $T_i = \infty$，$T_d = 0$ 时，可以实现比例控制；当 $T_i = \infty$ 时，可以实现比例微分控制；当 $T_d = 0$ 时，可以实现比例积分控制。

项目 4　自动控制系统的校正

任务 4.2　认识不同校正方式的特性

任务引入

不同的校正方式对系统性能的改善效果不同，相应的设计方法也不相同。在实际工程中，需要针对系统和信号本身的特点，以及系统需要达到的性能要求选择合适的校正方式，并采用相应的方法和步骤进行设计。

本任务主要介绍不同校正方式的特性的相关内容，知识与技能要求如表 4-3 所示。

表 4-3　知识与技能要求

任务内容	认识不同校正方式的特性	学习程度		
		识记	理解	应用
学习任务	串联校正的特性		●	
	反馈校正的特性		●	
	复合校正的特性		●	
实训任务	求取校正装置的参数及传递函数			●
自我勉励				

项目 4 自动控制系统的校正

任务工单 ——求取校正装置的参数及传递函数

1. 任务准备

（1）回顾稳态误差的相关知识。

（2）回顾二阶系统最大超调量和阻尼比之间的关系。

2. 任务实施

（1）已知微分反馈系统的结构图如图 4-12 所示。其中，$\omega_n = 10$；$\zeta = 0.39$。若校正后 $\zeta' = 0.7$，试确定校正装置的参数 K_c。

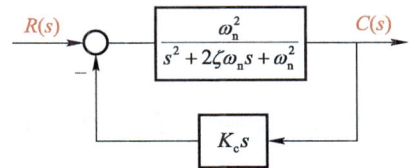

图 4-12 微分反馈系统的结构图

（2）已知按输入补偿的复合校正系统的结构图如图 4-13 所示。其中，$G_1(s) = 1$，$G_2(s) = \dfrac{K}{s(T_1 s + 1)(T_2 s + 1)}$，若加入的前馈校正装置 $G_c(s)$ 可消除系统跟踪输入信号 $\dfrac{1}{s^2}$ 的误差，试求 $G_c(s)$。

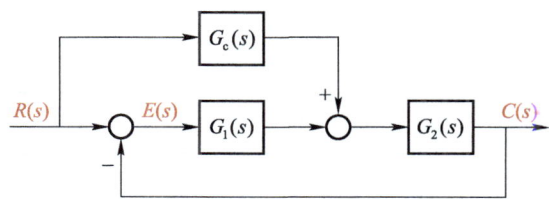

图 4-13 按输入补偿的复合校正系统的结构图

3．考核评价

任务完成后，根据完成情况填写如表 4-4 所示的考核评价表。

表 4-4　考核评价表

考核项目	评价标准	满分/分	评分/分		
			自评	互评	师评
职业素养考核项目 30%	任务工单整洁、规范	5			
	积极参与，认真思考	10			
	团结协作，与他人密切配合	5			
	发现问题并解决问题	10			
专业能力考核项目 70%	能够进行微分反馈校正的简单参数的求取	35			
	能够求取按输入补偿的复合校正装置的传递函数	35			
合计		100			
总评	自评（20%）+互评（20%）+师评（60%）=	综合等级：	教师（签名）：		

4．课堂小结

4.2.1 串联校正的特性

在分析设计自动控制系统时，在频域内进行更为方便，此时对系统进行校正，主要借助其开环对数频率特性进行。开环对数频率特性曲线的低频段反映系统的稳态性能；中频段反映系统的动态性能；高频段反映系统抑制噪声的能力。通过改变开环对数频率特性曲线的形状来满足系统性能指标的校正方法称为频域法。

串联校正是最常见的校正方式，可分为串联超前校正、串联滞后校正和串联滞后-超前校正。为了更好地了解串联校正，接下来将基于频域法对其展开介绍。

1. 串联超前校正

串联超前校正的核心是获得尽可能大的超前相位。因此，应使最大超前相位出现在校正后系统的幅值穿越频率 ω_c' 处，即 $\omega_m = \omega_c'$。基于上述设计核心，利用开环对数频率特性曲线进行串联超前校正的一般步骤如下。

串联超前校正

（1）根据给定的稳态性能指标确定系统的开环增益 K。

（2）根据求得的开环增益，绘制校正前系统的开环对数频率特性曲线，并计算系统的相位裕度。

（3）计算超前校正装置需要达到的最大超前相位，即

$$\varphi_m = \gamma' - \gamma + \varepsilon$$

式中：

γ' ——要求的相位裕度；

γ ——校正前系统的相位裕度；

ε ——校正装置引起的附加相位。当校正前系统的幅值穿越频率处，开环对数幅频特性曲线的斜率为 -40 dB/dec 时，一般取 $\varepsilon = 5° \sim 10°$；当校正前系统的幅值穿越频率处，开环对数幅频特性曲线的斜率为 -60 dB/dec 时，一般取 $\varepsilon = 15° \sim 20°$；若变化比较平缓，则取 $\varepsilon = 5°$。

（4）根据最大超前相位求出 a 的数值，即 $a = \dfrac{1 + \sin\varphi_m}{1 - \sin\varphi_m}$。

（5）取校正前系统幅值为 $-10\lg a$ 处的频率 ω_m 为校正后系统的幅值穿越频率 ω_c'。

（6）由 $\omega_m = \dfrac{1}{T\sqrt{a}}$ 计算 T 值，并求出放大倍数增大 a 倍后的超前校正装置的传递函数 $G_c(s) = \dfrac{1 + aTs}{1 + Ts}$。

（7）绘制校正后系统的开环对数频率特性曲线，并检验校正后系统的性能指标是否满足给定要求。若校正后的系统不满足给定要求，则增大附加相位值重新进行计算。

2. 串联滞后校正

串联滞后校正的核心是减小系统的幅值穿越频率来获得足够的相位裕度。基于上述设计核心，利用开环对数频率特性曲线进行串联滞后校正的一般步骤如下。

（1）根据给定的稳态性能指标确定系统的开环增益。

（2）根据求得的开环增益，绘制校正前系统的开环对数频率特性曲线，并计算系统的幅值穿越频率、幅值裕度和相位裕度。

（3）根据要求的相位裕度 γ'，在校正前系统的开环对数频率特性曲线中寻找一个频率作为校正后系统的幅值穿越频率 ω_c'，并使该频率对应的相位满足 $\varphi = -180° + \gamma' + \varepsilon$，一般取 $\varepsilon = 5° \sim 12°$。

（4）确定未校正系统的 $L(\omega_c')$ 值，并令 $L(\omega_c') = -20\lg b$，求出 b 的数值。

（5）由校正装置的一个转折频率 $\dfrac{1}{bT} = (0.1 \sim 0.25)\omega_c'$，可求出 T 值，并可求出滞后校正装置的传递函数 $G_c(s) = \dfrac{1 + bTs}{1 + Ts}$。$\dfrac{1}{bT}$ 取值越小对系统相位裕度的影响越小，但不宜过小。

（6）绘制校正后系统的开环对数频率特性曲线，并检验校正后系统的性能指标是否满足给定要求。若校正后的系统不满足给定要求，则增大附加相位值重新进行计算。

3. 串联滞后-超前校正

串联滞后-超前校正同时具有串联滞后校正和串联超前校正的优点，适用于校正前系统不稳定，且对校正后系统的响应速度、相位裕度及稳态性能有较高要求的情况。利用开环对数频率特性曲线进行串联滞后-超前校正的一般步骤如下。

（1）根据给定的稳态性能指标确定系统的开环增益。

（2）根据求得的开环增益，绘制校正前系统的开环对数频率特性曲线，并计算系统的幅值穿越频率、幅值裕度和相位裕度。

（3）将校正前系统的相位穿越频率作为校正后系统的幅值穿越频率 ω_c'。

（4）确定 α 值，一般取 $\alpha = 10°$。

（5）确定滞后校正部分参数 T_1 的值，通常取 $T_1 = \dfrac{1}{\omega_1} = \dfrac{10}{\omega_c'}$。

（6）确定超前校正部分参数 T_2 的值。过 $(\omega_c', -20\lg|G(\mathrm{j}\omega_c')H(\mathrm{j}\omega_c')|)$ 作一条斜率

为 20 dB/dec 的直线，该直线与 $-20\lg\alpha$ 线交点处的频率为 $\dfrac{1}{T_2}$，与 0 dB 线交点处的频率为 $\dfrac{\alpha}{T_2}$。

（7）绘制校正后系统的开环对数频率特性曲线，并检验校正后系统的性能指标是否满足给定要求。

4.2.2 反馈校正的特性

1. 反馈校正的原理

如图 4-14 所示为反馈校正系统的结构图，$G_c(s)$ 为校正装置，可以得出被校正装置包围部分的等效传递函数为

$$G(s) = \dfrac{G_2(s)}{1 \pm G_2(s)G_c(s)}$$

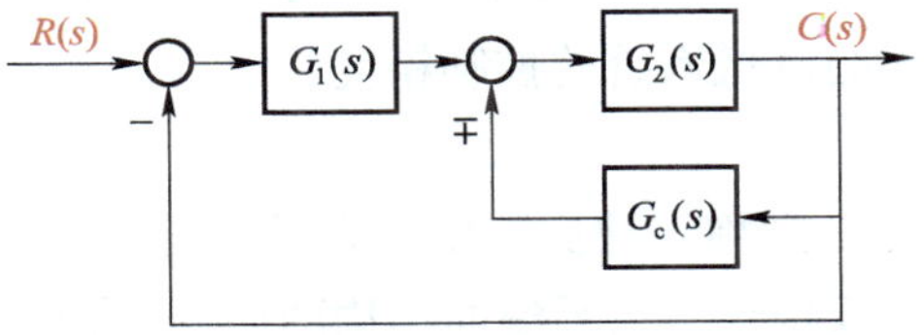

图 4-14 反馈校正系统的结构图

（1）若局部反馈为正反馈。设 $G_2(s)$ 环节的增益为 K_2，校正装置的增益为 K_c，则被校正装置包围部分的闭环增益为 $\dfrac{K_2}{1-K_2K_c}$，当 $K_c \to \dfrac{1}{K_2}$ 时，加入校正装置后的闭环增益将远大于原来 $G_2(s)$ 环节的增益。增加前向通道的增益是正反馈的重要作用之一。

（2）若局部反馈为负反馈。此时被校正装置包围部分的等效传递函数为

$$G(s) = \dfrac{G_2(s)}{1 + G_2(s)G_c(s)}$$

可以看出，由于负反馈的加入，使得 $G_2(s)$ 造成的不利影响下降到原来的 $\dfrac{1}{1+G_2(s)G_c(s)}$。若 $|G_2(s)G_c(s)| \gg 1$，则有 $G(s) \approx \dfrac{1}{G_c(s)}$，即达到消除 $G_2(s)$ 环节的作用。可见，合理选择校正装置，可以抑制或消除不希望有的环节对系统造成的不利影响。

2. 常见的反馈校正形式

1）比例反馈校正

若反馈回路为比例环节，则称这种反馈校正为比例反馈校正，又称为硬反馈。以二阶

振荡系统为例，加入比例负反馈环节后系统的结构图如图 4-15 所示。

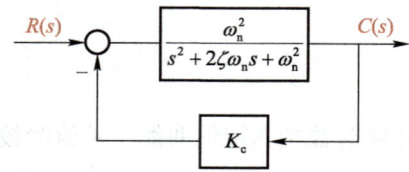

图 4-15　比例负反馈系统的结构图

由图 4-15 可以得到，系统的传递函数为

$$G(s)=\frac{\omega_n^2}{s^2+2\zeta\omega_n s+(1+K_c)\omega_n^2}=\frac{K(\omega_n')^2}{s^2+2\zeta'\omega_n' s+(\omega_n')^2}$$

其中，$K=\dfrac{1}{1+K_c}$，$\zeta'=\dfrac{\zeta}{\sqrt{1+K_c}}$，$\omega_n'=\omega_n\sqrt{1+K_c}$。

可以看出，加入比例负反馈环节后，系统仍然为二阶振荡系统，但是系统增益和阻尼比的数值均减小了，无阻尼振荡频率的数值则增大了，这使得系统的带宽频率增大，系统的响应速度加快，但是同时会降低系统的控制精度。

2）微分反馈校正

若反馈回路为微分环节，则称这种反馈校正为微分反馈校正，又称为软反馈。以二阶振荡系统为例，加入微分负反馈环节后系统的结构图如图 4-12 所示。

由图 4-12 可以得到，系统的传递函数为

$$G(s)=\frac{\omega_n^2}{s^2+(2\zeta\omega_n+\omega_n^2 K_c)s+\omega_n^2}=\frac{\omega_n^2}{s^2+2\zeta'\omega_n s+\omega_n^2}$$

其中，$\zeta'=\zeta+\dfrac{1}{2}\omega_n K_c$。

可以看出，加入微分负反馈环节后，系统仍然为二阶振荡系统，但是系统阻尼比的数值增大了，这使得系统的最大超调量减小，提高了系统动态过程的平稳性。

4.2.3　复合校正的特性

串联校正和反馈校正是常用的校正方法，但是难以满足系统的高性能要求。复合校正是在反馈回路外加入前馈校正装置的校正方式。复合校正既能够减小或消除系统的稳态误差，保证系统的稳定，又能够有效抑制绝大部分的可测扰动量，因此其在一些高精度的自动控制系统中被广泛使用。

1. 按输入补偿的复合校正

如图 4-13 所示为按输入补偿的复合校正系统的结构图。其中，$G_c(s)$ 为前馈校正装置的传递函数。系统的输出由系统的输入经过前馈校正的输出和反馈回路的输出两部分组成。

由图 4-13 可以得出

$$C(s) = \frac{[G_1(s) + G_c(s)]G_2(s)}{1 + G_1(s)G_2(s)}R(s) \tag{4-5}$$

1）完全补偿

若前馈校正装置的传递函数为

$$G_c(s) = \frac{1}{G_2(s)}$$

则式（4-5）变成 $C(s) = R(s)$，即系统的输出可以完全复现系统的输入。

2）部分补偿

在实际工程中，$G_2(s)$ 的形式一般比较复杂，很难实现完全补偿，大多为满足跟踪精度要求的部分补偿。此时，主要根据系统的稳态误差来选择合适的前馈校正装置。

在 $R(s)$ 的作用下，有

$$E(s) = R(s) - C(s) \tag{4-6}$$

将式（4-5）代入式（4-6）中有

$$E(s) = \frac{1 - G_c(s)G_2(s)}{1 + G_1(s)G_2(s)}R(s)$$

则系统的稳态误差为

$$e_{ss} = \lim_{s \to 0} sE(s) = \lim_{s \to 0} s\frac{1 - G_c(s)G_2(s)}{1 + G_1(s)G_2(s)}R(s) \tag{4-7}$$

令 $e_{ss} = 0$，可确定 $G_c(s)$。

需要注意的是，上述式（4-5）和式（4-7）只对单位反馈复合控制系统才成立。

> **提示**
>
> 前馈校正是在系统主反馈回路外采用的校正方式，属于开环控制，因此，前馈校正装置应具有较高的稳定性参数。

2. 按扰动补偿的复合校正

如图 4-16 所示为按扰动补偿的复合校正系统的结构图。其中，$G_c(s)$ 为前馈校正装置的传递函数。系统的输出由系统的输入经过反馈回路的输出和扰动量经过前馈校正的输出两部分组成。

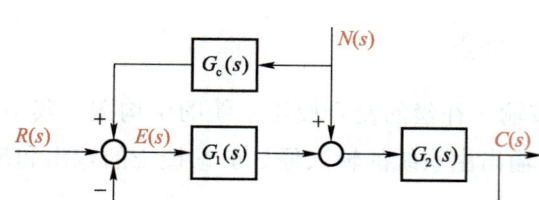

图 4-16 按扰动补偿的复合校正系统的结构图

由图 4-16 可以得

$$C(s) = \frac{G_1(s)G_2(s)}{1+G_1(s)G_2(s)}R(s) + \frac{[1+G_1(s)G_c(s)]G_2(s)}{1+G_1(s)G_2(s)}N(s) \quad (4-8)$$

若前馈校正装置的传递函数为

$$G_c(s) = -\frac{1}{G_1(s)}$$

则式（4-8）变成 $C(s) = \dfrac{G_1(s)G_2(s)}{1+G_1(s)G_2(s)}R(s)$，即前馈校正装置对系统的扰动量进行完全补偿。

需要注意的是，校正装置的设计选取在物理上应当是可以实现的，因此，对扰动量完全补偿较难实现。此外，在进行按扰动补偿的复合校正时，扰动量必须可测。

任务 4.3　利用 MATLAB 进行校正

任务引入

在 MATLAB 中能够方便地绘制系统的对数频率特性曲线，并求取相应的幅值裕度、相位裕度、相位穿越频率和幅值穿越频率等性能指标，从而快速判断校正后系统的性能是否满足要求，极大地方便了校正装置的设计。

本任务主要介绍利用 MATLAB 进行校正的相关内容，知识与技能要求如表 4-5 所示。

表 4-5　知识与技能要求

任务内容	利用 MATLAB 进行校正	学习程度		
		识记	理解	应用
学习任务	利用 MATLAB 进行系统校正			●
	利用 Simulink 建立校正仿真结构图			●
实训任务	利用 MATLAB 进行串联滞后校正			●
自我勉励				

任务工单 ——利用 MATLAB 进行串联滞后校正

1. 任务准备

（1）回顾 MATLAB 中建立传递函数的命令。

（2）回顾幅值裕度和相位裕度的相关知识。

（3）回顾 MATLAB 中开环对数频率特性曲线的绘制方法。

（4）回顾利用 Simulink 建立结构图的步骤。

（5）回顾静态速度误差系数的求取，即 $K_v = \lim\limits_{s \to 0} sG(s)H(s)$。

（6）熟悉 MATLAB 中多项式除法、多项式求值的命令。

2. 任务实施

设单位反馈系统的开环传递函数为 $G(s)H(s) = \dfrac{K}{s(0.3s+1)(0.6s+1)}$，要求静态速度误差系数为 $K_v = 5\,\text{s}^{-1}$，相位裕度不小于 $50°$。试用 MATLAB 设计一个串联滞后校正装置，使系统满足给定的性能要求，并建立 Simulink 仿真结构图，观察校正前后系统的单位阶跃响应曲线。

任务实施示范

3．考核评价

任务完成后，根据完成情况填写如表 4-6 所示的考核评价表。

表 4-6　考核评价表

考核项目	评价标准	满分/分	评分/分		
			自评	互评	师评
职业素养考核项目 30%	任务工单整洁、规范	5			
	积极参与，认真思考	10			
	团结协作，与他人密切配合	5			
	发现问题并解决问题	10			
专业能力考核项目 70%	能利用 MATLAB 正确设计系统的串联滞后校正装置	35			
	能利用 Simulink 正确建立系统的仿真结构图	35			
合计		100			
总评	自评（20%）+互评（20%）+师评（60%）=	综合等级：	教师（签名）：		

4．课堂小结

4.3.1 利用 MATLAB 进行系统校正

1. 串联超前校正

【例 4.2】 设单位反馈系统的开环传递函数为 $G(s)H(s) = \dfrac{2K}{s(s+1)}$，要求静态速度误差系数为 $K_v = 20\,\text{s}^{-1}$，相位裕度不小于 $50°$。试设计一个串联超前校正装置，使系统满足给定的性能要求。

【解】 在命令行窗口输入

```
>>num1=2;den=conv([1,0],[1,1]);     %未校正系统的开环传递函数（不
                                      包含系数K）
>>Kv=20;                             %系统要求的静态速度误差系数
>>K=Kv*polyval(deconv(den,conv([1,0],num1)),0);
                                     %确定系数K
>>num=K*num1;
>>margin(num,den)                    %未校正系统的性能指标
```

结果如图 4-17 所示。从图中可以看出，未校正系统的幅值裕度为 $K_g = +\infty$，相位裕度为 $\gamma = 12.8°$，相位穿越频率为 $\omega_g = +\infty$，幅值穿越频率为 $\omega_c = 4.42\,\text{rad/s}$。可以发现，系统的相位裕度与要求值相差较远，不符合要求，需要进行校正。

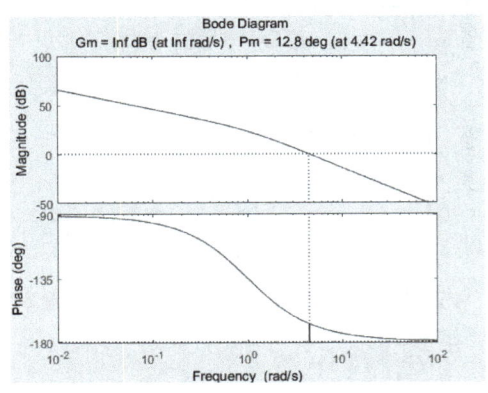

图 4-17 未校正系统的性能指标

继续在命令行窗口输入

```
>>r=50;r1=12.8;                      %期望的相位裕度和未校正系统的
                                      相位裕度
>>phim=(r-r1+5)*pi/180;              %计算需要达到的最大超前相位并
                                      转化为弧度
>>a=(1+sin(phim))/(1-sin(phim));     %计算校正装置a的值
```

```
>>[mag,phase,w]=bode(num,den);        %未校正系统的幅值和相位
>>Mag=20*log10(mag);
>>mm=-10*log10(a);                    %计算 -10lga
>>wc=spline(Mag,w,mm);                %求校正后系统的幅值穿越频率,
                                       即未校正系统幅值为 -10lga 处
                                       的频率
>>T=1/(wc*sqrt(a));                   %求校正装置的参数 T
>>Gc=tf([a*T,1],[T,1])                %求校正装置的传递函数
>>bode(Gc,'--');hold on;              %校正装置的开环对数频率特性曲线
>>G1=tf(num,den);                     %未校正系统的开环传递函数
>>G=Gc*G1;                            %校正后系统的开环传递函数
>>margin(G);hold on;                  %校正后系统的开环对数频率特性
                                       曲线和性能指标
>>bode(G1,'-.'); hold on;             %未校正系统的开环对数频率特性
                                       曲线
```

结果如图 4-18 所示。

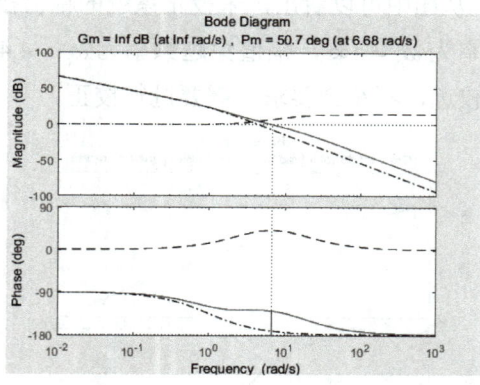

图 4-18　校正装置及校正前、后系统的开环对数频率特性曲线

```
>>figure;
>>G0=feedback(G1,1);
>>step(G0,'--');hold on;              %未校正系统的单位阶跃响应曲线
>>G2=feedback(G,1);
>>step(G2);grid on                    %校正后系统的单位阶跃响应曲线
```

结果如图 4-19 所示。

由以上内容可知,串联超前校正装置的传递函数为

$$G_c(s) = \frac{0.3378s+1}{0.06633s+1}$$

校正后，系统的幅值裕度为 $K_g = +\infty$，相位裕度为 $\gamma = 50.7° > 50°$，相位穿越频率为 $\omega_g = +\infty$，幅值穿越频率为 $\omega_c = 6.68\ \text{rad/s}$，满足给定要求。

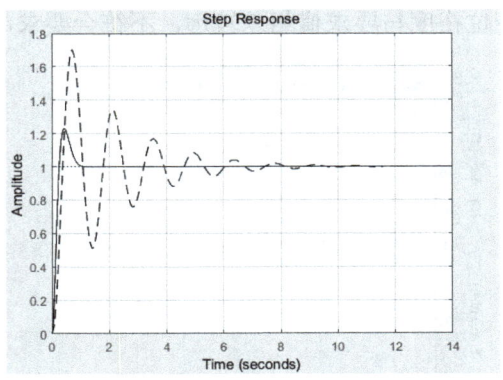

图 4-19　校正前、后系统的单位阶跃响应曲线

知识链接

当绘制开环对数频率特性曲线且需要获取系统的幅值、相位及频率信息时，可采用以下命令实现。

$$[\text{mag,phase,w}]=\text{bode(num,den)} \text{ 或 } [\text{mag,phase,w}]=\text{bode(G)}$$

式中：

mag ——系统的幅值；

phase——系统的相位。

2. 串联滞后校正

【例 4.3】　设单位反馈系统的开环传递函数为 $G(s)H(s) = \dfrac{K}{s(0.1s+1)(0.5s+1)}$，要求静态速度误差系数为 $K_v = 6\ \text{s}^{-1}$，相位裕度不小于 $45°$，幅值裕度不小于 $10\ \text{dB}$。试设计一个串联滞后校正装置，使系统满足给定的性能要求。

【解】　在命令行窗口输入

```
>>num1=1;den=conv(conv([1,0],[0.1,1]),[0.5,1]);
                                %未校正系统的开环传递函数
                                    （不包含系数 K）
>>Kv=6;
>>K=Kv*polyval(deconv(den,conv([1,0],num1)),0);
                                %确定系数 K
>>num=K*num1;
>>margin(num,den)               %未校正系统的性能指标
```

结果如图 4-20 所示。从图中可以看出,未校正系统的幅值裕度为 $K_g = 6.02$ dB,相位裕度为 $\gamma = 15.6°$,相位穿越频率为 $\omega_g = 4.47$ rad/s,幅值穿越频率为 $\omega_c = 3.1$ rad/s。可以发现,系统的幅值裕度和相位裕度与要求值相差较远,不符合要求,需要进行校正。

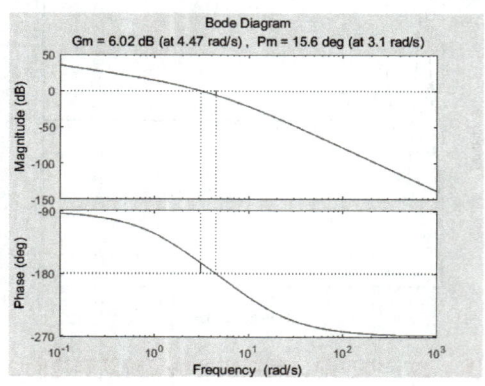

图 4-20 未校正系统的性能指标

继续在命令行窗口输入

```
>>r=45;                              %期望的相位裕度
>>phi=-180+r+10;
>>[mag,phase,w]=bode(num,den);       %未校正系统的幅值和相位
>>wc=spline(phase,w,phi);            %求校正后系统的幅值穿越频率
>>Mag=20*log10(mag);
>>magc=spline(w,Mag,wc);             %求未校正系统在校正后系统幅值穿越频
                                      率处的幅值
>>b=10^(-magc/20);                   %求校正装置的参数 b
>>T=5/(wc*b);                        %求校正装置的参数 T
>>Gc=tf([b*T,1],[T,1])               %求校正装置的传递函数
>>bode(Gc,'--');hold on;             %校正装置的开环对数频率特性曲线
>>G1=tf(num,den);                    %校正前系统的开环传递函数
>>G=Gc*G1;                           %校正后系统的开环传递函数
>>margin(G);hold on;                 %校正后系统的开环对数频率特性曲线
                                      和性能指标
>>bode(G1,'-.'); hold on;            %未校正系统的开环对数频率特性曲线
```

结果如图 4-21 所示。

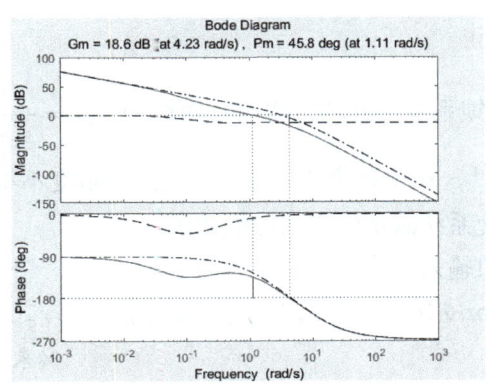

图 4-21　校正装置及校正前、后系统的开环对数频率特性曲线

```
>>figure;
>>G0=feedback(G1,1);
>>step(G0,'--');hold on;        %未校正系统的单位阶跃响应曲线
>>G2=feedback(G,1);
>>step(G2);grid on              %校正后系统的单位阶跃响应曲线
```

结果如图 4-22 所示。

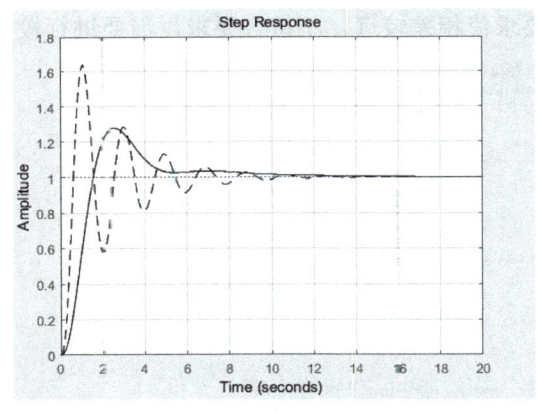

图 4-22　校正前、后系统的单位阶跃响应曲线

由以上内容可知，串联滞后校正装置的传递函数为

$$G_c(s) = \frac{4.559s+1}{21.73s+1}$$

校正后，系统的幅值裕度为 $K_g = 13.6\,\mathrm{dB} > 10\,\mathrm{dB}$，相位裕度为 $\gamma = \angle 5.8° > 45°$，相位穿越频率为 $\omega_g = 4.23\,\mathrm{rad/s}$，幅值穿越频率为 $\omega_c = 1.11\,\mathrm{rad/s}$，满足给定要求。

3. 串联滞后-超前校正

【例 4.4】 设单位反馈系统的开环传递函数为 $G(s)H(s) = \dfrac{K}{s(3s+1)(0.5s+1)}$，要求静态速度误差系数为 $K_v = 10\ \text{s}^{-1}$，相位裕度不小于 $45°$，幅值裕度不小于 $10\ \text{dB}$。试设计一个串联滞后-超前校正装置，使系统满足给定的性能要求。

【解】 在命令行窗口输入

```
>>num1=1;den=conv(conv([1,0],[3,1]),[0.5,1]);
                         %未校正系统的开环传递函数
                         （不包含系数 K）
>>Kv=10;
>>K=Kv*polyval(deconv(den,conv([1,0],num1)),0);
                         %确定系数 K
>>num=K*num1;
>>margin(num,den)        %未校正系统的性能指标
```

结果如图 4-23 所示。从图中可以看出，未校正系统的幅值裕度为 $K_g = -12.6\ \text{dB}$，相位裕度为 $\gamma = -26.8°$，相位穿越频率为 $\omega_g = 0.816\ \text{rad/s}$，幅值穿越频率为 $\omega_c = 1.6\ \text{rad/s}$。可以发现，系统的幅值裕度和相位裕度与要求值相差较远，不符合要求，需要进行校正。

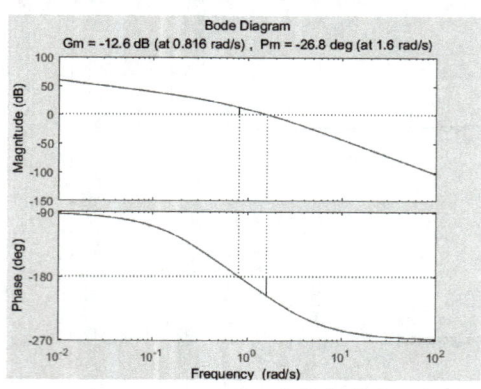

图 4-23 未校正系统的性能指标

继续在命令行窗口输入

```
>>[mag,phase,w]=bode(num,den);    %未校正系统的幅值和相位
>>wc=0.816;
>>alpha=10;T1=10/wc;              %求校正装置的参数 α、T1
>>Gc1=tf([T1,1],[alpha*T1,1]);    %求滞后校正部分的传递函数
>>Mag=20*log10(mag);
>>magc=spline(w,Mag,wc);          %未校正系统在校正后系统幅值穿越频
                                    率处的幅值
```

```
>>b=-magc-20*log10(wc);              %求斜率为 20 dB/dec 的直线方程参数 b
>>L=20*log10(w)+b;                   %求斜率为 20 dB/dec 的直线方程
>>w1=spline(L,w,0);                  %求直线与 0 dB 线交点处的频率
>>w2=spline(L,w,-20);                %求直线与 -20lgα 线交点处的频率
>>T2=1/w2;                           %求校正装置的参数 T2
>>Gc2=tf([T2,1],[T2/alpha,1]);       %求超前校正部分的传递函数
>>Gc=Gc1*Gc2                         %求校正装置的传递函数
>>bode(Gc,'--');hold on;             %校正装置的开环对数频率特性曲线
>>G1=tf(num,den);                    %校正前系统的开环传递函数
>>G=Gc*G1;                           %校正后系统的开环传递函数
>>margin(G);hold on;                 %校正后系统的开环对数频率特性曲线
                                      和性能指标
>>bode(G1,'-.'); hold on;            %未校正系统的开环对数频率特性曲线
```

> 🗨 **课堂互动**
>
> 在求 b 值时，magc 前为什么要加"-"号？

结果如图 4-24 所示。

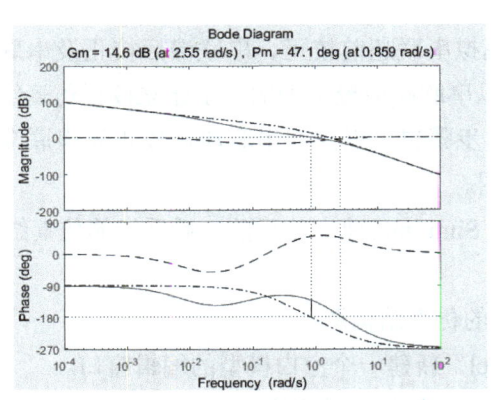

图 4-24　校正装置及校正前、后系统的开环对数频率特性曲线

```
>>figure;
>>G0=feedback(G1,1);
>>step(G0,'--');axis([0,20,0,5]);hold on;
                                      %未校正系统的单位阶跃响应曲线
>>G2=feedback(G,1);
>>step(G2);grid on                    %校正后系统的单位阶跃响应曲线
```

结果如图 4-25 所示。

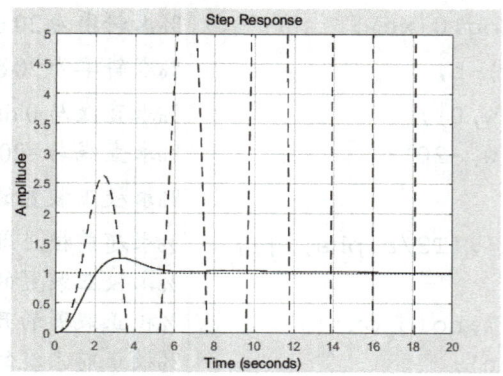

图 4-25 校正前、后系统的单位阶跃响应曲线

由以上内容可知,串联滞后-超前校正装置的传递函数为

$$G_c(s) = \frac{35s^2 + 15.11s + 1}{35s^2 + 122.8s + 1}$$

校正后,系统的幅值裕度为 $K_g = 14.6\text{ dB} > 10\text{ dB}$,相位裕度为 $\gamma = 47.1° > 45°$,相位穿越频率为 $\omega_g = 2.55\text{ rad/s}$,幅值穿越频率为 $\omega_c = 0.859\text{ rad/s}$,满足给定要求。

4.3.2 利用 Simulink 建立校正仿真结构图

利用 Simulink 可以模拟串联超前校正、串联滞后校正及串联滞后-超前校正,下面将以串联超前校正为例展示建立校正仿真结构图的步骤,根据同样的步骤也可以建立串联滞后校正和串联滞后-超前校正的仿真结构图。

利用 Simulink 建立校正仿真结构图

以例 4.2 为例,利用 Simulink 建立校正前、后系统的仿真结构图及其单位阶跃响应曲线的步骤如下。

(1)建立校正前系统的仿真结构图。

① 单击"Blank Model"新建一个空白模型的编辑窗口。

② 单击"Library Browser"打开模型库。

③ 单击"Sources",在库中选择"Step"图标,将图标拖至编辑窗口内,并设置"Step Time"为 0。

④ 单击"Math Operations",在库中选择"Sum"图标,将图标拖至编辑窗口内,设置"List of signs"为"|+−"。

⑤ 单击"Commonly Used Blocks",在库中选择"Gain"图标,将图标拖至编辑窗口内,本例中填入 K 的数值 10。

⑥ 单击"Continuous",在库中选择"Transfer Fcn"图标,将图标拖至编辑窗口内,并双击图标,在弹出的对话框中设置传递函数分子和分母多项式的系数。本例中,对于第一个"Transfer Fcn",将"Numerator coefficients"改为[2],"Denominator coefficients"改

为[1 0]；对于第二个"Transfer Fcn"，保持原设置即可。

⑦ 单击"Sinks"，在库中选择"Scope"图标，将图标拖至编辑窗口内。

⑧ 用鼠标将上述各环节连接起来就得到校正前系统的仿真结构图，如图 4-26 上半部分所示。

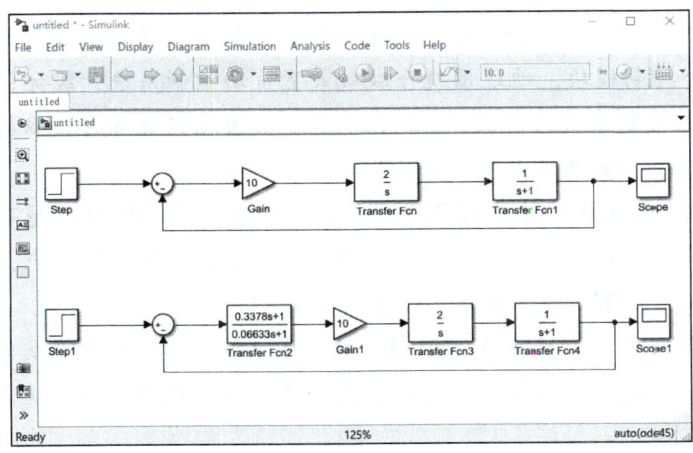

图 4-26　校正前、后系统的仿真结构图

⑨ 将结构图框选，并单击菜单栏中的运行图标，然后再双击"Scope"图标，即可得到校正前系统的单位阶跃响应曲线，如图 4-27 所示。

（2）建立校正后系统的仿真结构图。

校正后系统仿真结构图的建立步骤基本同上，只需要在"Gain"图标前加入一个"Transfer Fcn"图标，代表串联超前校正装置。本例中，将新加入的"Transfer Fcn"的"Numerator coefficients"改为[0.337 8 1]，"Denominator coefficients"改为[0.066 33 1]，如图 4-26 下半部分所示。

重复上述相应步骤即可得到校正后系统的单位阶跃响应曲线，如图 4-28 所示。

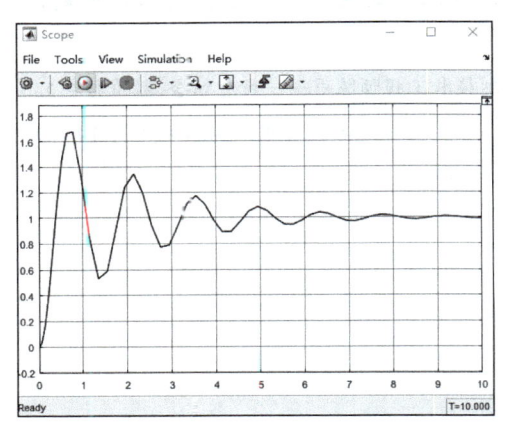

图 4-27　校正前系统的单位阶跃响应曲线

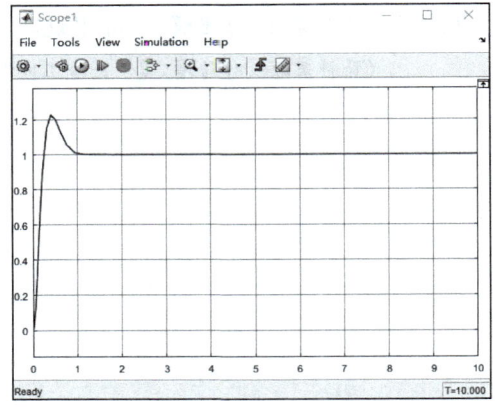

图 4-28　校正后系统的单位阶跃响应曲线

由图 4-27、图 4-28 可以看出，校正后系统的调节时间由 10 s 减短到 1 s，系统的响应速度得到提升。

匠心筑梦

工作多年，陈甲完成了公司动态稳定性控制系统 2 万多个控制点的升级改造、设计了 3 000 多个控制模块，他还围绕合成氨装置自动控制系统升级优化等关键技术难题开展攻关，在控制系统防误操作、回路优化、设备国产化等方面取得一定成果，获得云南省技术能手、第七届"云岭工匠"等荣誉称号。

"控制系统的作用是对生产过程进行智能化管理，自动化程度越高，生产的可靠性和效率就越高。"陈甲说，"每套控制系统分布着数以万计的控制点，只要有一个点位出现问题，就可能影响整个系统的安全和效率。"

随着公司不断发展，2008 年建成投产的合成氨装置自动控制系统已经不能满足生产管理精细化、智能化的需求。2021 年，陈甲率领团队接下控制系统自主升级改造的任务。

风机将空气送入锅炉炉膛助燃，对锅炉的工作效率和安全性影响很大，因此，要精准控制风机风门的开度。过去，锅炉风机风门开度控制系统需要操作员手动输入角度数值，存在一定的误操作风险，影响生产稳定性。陈甲把控制系统由直接输入数值的方式改成加减数值的方式，且设置每次加减数值的上限，还设置了二次确认功能。这样不仅保障了系统的稳定，还避免了因操作人员失误造成的安全风险和经济损失。

系统改造期间，陈甲带领团队成员向一线熟练工人了解情况，总结历年出现误操作的案例，完善控制指标和逻辑，研发"防误操作系统"，历时百天顺利完成控制系统升级改造的任务。升级后的控制系统让生产装置运行更加平稳、操作更加精准。

陈甲从现场仪表巡检岗位做起，一步步成长为云南省技术能手、第七届"云岭工匠"。"像雕琢玉器一样对待工作，严谨、耐心、专注，这是我始终坚持的工作原则，也是我对工匠精神的理解。"陈甲说。

（资料来源：叶传增，《"云岭工匠"、自动控制技术工程师陈甲——数智结合 精准控制》，人民日报，2024 年 6 月 19 日）

项目综合考核

1. 填空题

（1）校正装置可分为_____、_____和_____。

（2）滞后-超前校正装置的对数频率特性曲线中，低频段具有负相位，起_____作用，高频段具有正相位，起_____作用。

（3）根据_____在系统中所处位置及连接方式的不同，可以将校正方式分为_____、_____和复合校正。

（4）PID 控制器的传递函数为_____。

（5）对于 PID 控制器，当_____，可以实现比例控制；当_____，可以实现比例微分控制；当_____，可以实现比例积分控制。

（6）串联超前校正装置需要达到的最大超前相位为 $\varphi_m =$ _____。

（7）常见的反馈校正形式有_____校正和_____校正。

2. 判断题

（1）复合校正能够有效抑制一切扰动量。（　　）

（2）校正装置的设计选取在物理上应当是可以实现的。（　　）

3. 简答题

（1）简述滞后校正装置的定义和作用。

（2）简述利用开环对数频率特性进行串联超前校正的一般步骤。

（3）根据图 4-14 简述反馈校正原理。

项目综合评价

指导教师根据学生对本项目的实际学习情况进行评价，学生配合指导教师共同完成如表 4-7 所示的学习成果评价表。

表 4-7 学习成果评价表

班级			学号		
姓名			指导教师		
项目名称	自动控制系统的校正				
日期					
评价项目	评价内容		评价方式	满分/分	评分/分
知识 40%	校正装置、校正方式及基本控制规律		理论测试	10	
	串联校正			10	
	反馈校正			10	
	复合校正			10	
技能 40%	绘制系统的响应曲线		实践检验	10	
	求取校正装置的参数及传递函数			15	
	利用 MATLAB 进行串联滞后校正			15	
素养 20%	积极参加教学活动，遵守课堂纪律		综合评价	5	
	主动思考学习，团结协作			5	
	认真负责，按时完成课堂任务			5	
	守正创新，知行合一			5	
合计				100	
自我评价					
指导教师评价					

项目 5　综合案例

项目导读

　　自动控制系统能够在无人直接干预的情况下实现对设备或装置的控制,其广泛应用于生活的方方面面。基于对自动控制原理的学习,学生应能够对一些基本的自动控制系统进行初步分析,了解其工作原理和实际运行所需要的相关元件。

　　本项目主要围绕自动控制原理的应用展开,简要介绍电阻炉温度自动控制系统和恒压供水自动控制系统的相关内容。

知识目标

- 了解电阻炉温度自动控制系统的工作原理。
- 了解恒压供水自动控制系统的工作原理。

技能目标

- 能够作出自动控制系统的原理框图。

素质目标

- 培养分析问题、解决问题的能力。
- 提高知识整合与运用的能力。
- 培养科学严谨、脚踏实地的职业素养。

任务 5.1 认识电阻炉温度自动控制系统

任务引入

温度控制在各个领域都有着广泛的应用，同时也是最常见的自动控制类型之一。电阻炉是对工件进行加热的器件，是应用广泛的电加热设备，在用电阻炉进行生产时，实现温度自动控制能够提高生产效率、节约资源，同时保证设备和工作人员的安全。

本任务主要介绍电阻炉温度自动控制系统的相关内容，知识与技能要求如表 5-1 所示。

表 5-1 知识与技能要求

任务内容	认识电阻炉温度自动控制系统	学习程度		
		识记	理解	应用
学习任务	电阻炉温度自动控制系统的工作原理	●		
	电阻炉温度自动控制系统模型的建立	●		
	电阻炉温度自动控制系统的主要组成	●		
实训任务	作出电阻炉温度自动控制系统的原理框图			●
自我勉励				

任务工单 ——作出电阻炉温度自动控制系统的原理框图

1. 任务准备

（1）回顾原理框图的相关知识。
（2）了解电阻炉温度自动控制系统的工作原理。
（3）了解电阻炉温度自动控制系统的基本组成。

2. 任务实施

依据电阻炉温度自动控制系统的工作原理，分别作出传统电阻炉温度自动控制系统和应用计算机技术的电阻炉温度自动控制系统的原理框图。

3. 考核评价

任务完成后，根据完成情况填写如表 5-2 所示的考核评价表。

表 5-2 考核评价表

考核项目	评价标准	满分/分	评分/分		
			自评	互评	师评
职业素养考核项目 30%	任务工单整洁、规范	5			
	积极参与，认真思考	10			
	团结协作，与他人密切配合	5			
	发现问题并解决问题	10			
专业能力考核项目 70%	能正确作出传统电阻炉温度自动控制系统的原理框图	35			
	能正确作出应用计算机技术的电阻炉温度自动控制系统的原理框图	35			
合计		100			
总评	自评（20%）+互评（20%）+师评（60%）=	综合等级：	教师（签名）：		

4. 课堂小结

5.1.1 电阻炉温度自动控制系统的工作原理

电阻炉温度自动控制系统的作用是使电阻炉内的温度可以保持特定温度值不变。传统电阻炉温度自动控制系统的工作原理如图 5-1 所示。

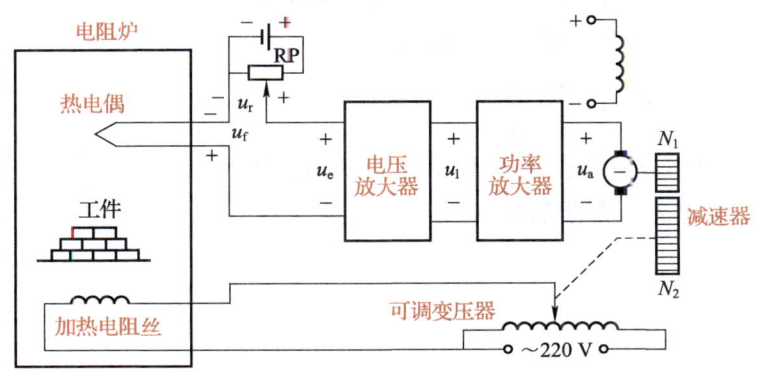

图 5-1 传统电阻炉温度自动控制系统的工作原理

假设 $t=0$ 时，炉内温度均匀分布。从图 5-1 中可以看出，热电偶可对炉内温度进行测量，并将温度信号转换为电压信号。当炉内温度发生变化时，热电偶的输出（反馈）电压 u_f 与电位器 RP 设定的用于产生特定温度的给定电压 u_r 比较后，产生偏差电压 u_e。偏差电压经电压放大器、功率放大器两级放大后产生电枢电压 u_a，驱动电动机转动，电动机通过减速器改变可调变压器的输出电压，从而改变加热电阻丝中的电流大小，使加热电阻丝减少或增加供热，维持炉内温度稳定。需要注意的是，在炉内温度首次达到特定温度值时，偏差电压 $u_e=0$，此时电流不再变化，但是炉内温度仍会变化，继而导致偏差电压发生反向变化，从而引起炉内温度发生振荡衰减变化，直至温度稳定。

如今，随着计算机技术的发展，越来越多的自动控制系统中都应用了计算机技术。将计算机技术应用于电阻炉温度自动控制系统，能够实现对温度更精确、稳定的控制，还可以减少对机电设备的保养和维护，从而达到节约资源、提高产品质量的目的。

应用计算机技术的电阻炉温度自动控制系统的工作原理与传统电阻炉温度控制系统的工作原理一脉相承，具体为：由热电偶测量实际炉温并将其转换为电压信号，电压信号经过放大、滤波处理后上传到 A/D 转换器，实现模拟信号到数字信号的转换，然后工控机将接收的数字信号与预先设定的期望值进行比较得到偏差量，再根据 PID 控制计算出相应的控制信号，该控制信号经 D/A 转换器转换为电流，并通过触发器控制晶闸管的导通角来改变加热电阻丝中的电流大小，从而实现对炉温的控制。

接下来以应用计算机技术的电阻炉温度自动控制系统为例展开介绍。

5.1.2 电阻炉温度自动控制系统模型的建立

通过电阻炉温度自动控制系统的工作原理可知,电阻炉实现温度自动控制的过程是一个滞后的惯性过程,于是,电阻炉温度自动控制系统的动态过程可以看成延迟环节与惯性环节的组合,其传递函数通常可以近似表示为

$$G(s) = \frac{Ke^{-\tau s}}{Ts+1}$$

建立电阻炉温度自动控制系统的模型时,可以将实验测得的系统延迟时间及系统的阶跃响应作为确定系统传递函数的依据。

5.1.3 电阻炉温度自动控制系统的主要组成

1. 电阻炉

电阻炉是以电流通过导体所产生的焦耳热为热源的电炉,主要通过电热元件将电能转化为热能。在选择电阻炉时,应根据用途确定电阻炉的类型。例如,当采用间接电阻炉时,可根据功率大小选择小型炉(单相供电)或大型炉(三相供电)。

2. 热电偶

热电偶是一种测温元件,能够将测得的温度信号转换成电压信号,通常由热电极、绝缘套保护管和接线盒等部分组成。热电偶测温范围宽、测量精度高且性能稳定,还能够与被测目标直接接触。在实际设计电阻炉温度自动控制系统时,应根据被测目标的最大温度变化范围选取热电偶。

3. 工控机

工控机具有明显的计算机属性和特征,其广泛应用于工业领域及日常生活的方方面面。在本应用中,工控机主要负责接收 A/D 转换器输入的信号并计算需要的控制信号,最后将控制信号传输至 D/A 转换器。

4. 转换器

转换器是将一种信号转换成另一种信号的装置。

本应用中的 A/D 转换器又称为模数转换器,其作用是将时间连续、幅值也连续的模拟信号转换为时间离散、幅值也离散的数字信号,因此模拟信号转换为数字信号一般要经过取样、保持、量化及编码四个过程。D/A 转换器又称为数模转换器,其作用是将数字信号转换成模拟信号,以便控制执行元件。

任务 5.2　认识恒压供水自动控制系统

任务引入

随着工业技术的发展和人们生活水平的提高，传统的供水方式已经无法应对水压不稳、供水不足等许多实际问题。以 PLC 和变频器为核心的恒压供水自动控制系统则可以通过控制电动机的转速来控制水泵的输出流量，从而使管网水压在不同用水量下保持恒定。恒压供水自动控制系统具有水压恒定、操作方便、节约电能、自动化程度高等特点。

本任务主要介绍恒压供水自动控制系统的相关内容，知识与技能要求如表 5-3 所示。

表 5-3　知识与技能要求

任务内容	认识恒压供水自动控制系统	学习程度		
		识记	理解	应用
学习任务	恒压供水自动控制系统的工作原理	●		
	恒压供水自动控制系统模型的建立	●		
	恒压供水自动控制系统的主要组成	●		
实训任务	作出恒压供水自动控制系统的原理框图			●
自我勉励				

任务工单 ——作出恒压供水自动控制系统的原理框图

1. 任务准备

(1) 回顾原理框图的相关知识。
(2) 了解恒压供水自动控制系统的工作原理。
(3) 了解恒压供水自动控制系统的基本组成。

2. 任务实施

依据恒压供水自动控制系统的工作原理，作出恒压供水自动控制系统的原理框图。

3. 考核评价

任务完成后，根据完成情况填写如表 5-4 所示的考核评价表。

表 5-4 考核评价表

考核项目	评价标准	满分/分	评分/分		
			自评	互评	师评
职业素养考核项目 30%	任务工单整洁、规范	5			
	积极参与，认真思考	10			
	团结协作，与他人密切配合	5			
	发现问题并解决问题	10			
专业能力考核项目 70%	能正确作出恒压供水自动控制系统的原理框图	70			
合计		100			
总评	自评（20%）+互评（20%）+师评（60%）=	综合等级：	教师（签名）：		

4. 课堂小结

5.2.1 恒压供水自动控制系统的工作原理

恒压供水自动控制系统的工作原理如图 5-2 所示。从图中可以看出,恒压供水自动控制系统是一个闭环控制系统。该系统主要通过安装在供水管网上的压力变送器,将管网压力信号转变成标准电信号后传送至 PLC。接收到该信号后,PLC 内部将其与系统的期望值进行对比得到偏差量,并输入到 PID 控制器中进行分析计算,然后将结果通过 PLC 传送至变频器,变频器根据此信号自动调节频率从而改变电动机的转速来控制水泵的输出流量,进而调节管网中的供水压力。

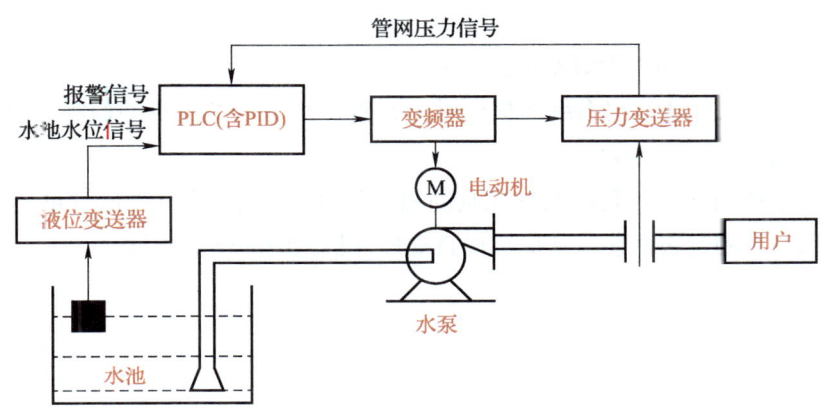

图 5-2 恒压供水自动控制系统的工作原理

恒压供水自动控制系统可以保证稳定的水流量,同时还可以避免瞬间的高水压对阀门、管道造成冲击,从而减少阀门、管道漏水的现象,提升用户的用水体验。

> **提示**
>
> 用水量增加会导致管网压力下降,此时提高变频器频率可以增加水泵的出水量,使管网压力上升从而维持恒值;用水量减少会导致管网压力上升,此时降低变频器频率可以减少水泵的出水量,使管网压力下降从而维持恒值。

5.2.2 恒压供水自动控制系统模型的建立

一般来说,从水泵启动到给管道供水,系统会经历不同的压力变化过程。当水泵将水输送至管道中时,此时管道中的水压很小,可认为是滞后环节,其传递函数为

$$G_1(s) = e^{-\tau s}$$

当管道充满水后，管网中的压力开始上升并逐渐稳定，可认为是惯性环节，其传递函数为

$$G_2(s) = \frac{K_1}{Ts+1}$$

此外，信号在不同元件之间的传递和转换可以近似看成比例环节，其传递函数为

$$G_3(s) = K_2$$

因此，恒压供水自动控制系统的传递函数可以近似为

$$G(s) = \frac{Ke^{-\tau s}}{Ts+1}$$

式中：

K——恒压供水自动控制系统的总增益。

T——恒压供水自动控制系统的惯性时间常数，与恒压供水自动控制系统的用水规模有关，用水量越大，则 T 越大。

在确定了系统的传递函数和 PID 控制的相关参数后，可以利用 Simulink 建立系统的结构图，并得到系统的响应曲线，从而可以直观地分析系统的性能指标。

5.2.3 恒压供水自动控制系统的主要组成

1. PLC

PLC 由 CPU、指令及数据内存、输入/输出接口、电源、数字模拟转换等功能单元组成，它可以将控制指令随时载入内存进行储存与执行。

恒压供水自动控制系统主要利用 PLC 对电动机进行调速，从而改变水泵的输出流量来保持水压恒定。在实际使用过程中，用水量是不停波动的，因此调节过程中管网压力也是不停波动的。当水压达到恒值时，由于信号处理的滞后性，会导致在信号处理的这段时间内水压继续变化，进而引起水压反向调整，这就会造成水压反复波动。

PID 控制作为目前广泛应用的控制规律，它能够在改善系统动态性能的同时提高系统的稳态性能。因此，在恒压供水自动控制系统中使用 PID 控制可以减少偏差量，使系统能够稳定运行，从而达到良好的控制效果。在应用 PID 控制时，应根据实际情况和给定性能指标调节具体的参数，PID 参数的调节是一个反复的过程，需要根据输出结果不断进行修改。

> **知识链接**
>
> （1）要实现 PID 控制就需要设置一定的时间间隔对数据进行采样，这个时间间隔称为采样时间。采样时间的选取应根据系统特性决定，同时还应满足在被控量快速变化的区段内可以有足够多的采样点。

（2）在进行调试时，可以优先选用 PI 控制，若系统的最大超调量过大，可减小增益或增大积分时间常数；若系统的响应速度过慢，则可按相反方向调整相关参数。如果通过反复调整 PI 控制的相关参数后，系统的最大超调量仍然较大，则可以引入微分控制，合理的微分控制能够缩短系统的调节时间，减小最大超调量。

2. 变频器

变频器主要应用变频技术和微电子技术，通过改变输出电源的电压和频率，并根据电动机的实际需要来调整电动机的工作电源频率。在本应用中，变频器不仅能起到调速的作用，还能达到节能的目的。尤其是当用户实际需要的流量较小时，电动机的转速减小，节能效果更为明显。变频器需要具备基本的过压保护、过载保护、短路保护、过热保护等功能，且其功率大小与电动机功率值相当时最合适。

3. 压力变送器

通常，压力变送器主要由压力传感器、测量电路和过程连接件组成，它可以将测得的压力转变为标准的电信号传送至 PLC，从而推进后续指示、调节等过程的进行。

压力变送器可以直接测得液位压力，当其内部两侧压力不一致时，会使测量膜片产生与压力差成正比的位移量，然后通过振荡和解调环节，转换成所需要的电信号。

匠心筑梦

1994 年，汪清从大学毕业后便开始从事设备维修工作，立足一线多年，他已经是一名久经"战"场的"老人"了。从新人到"老人"，汪清不断在学中干，干中学。如今，汪清熟练掌握了从数控机床到一般工业自动化生产线，再到工业机器人生产线等多种工艺自动化高精尖设备的维修技能。他也从普通的一线工人成长为安徽江淮汽车集团股份有限公司乘用车制造公司的首席机电专家。

这期间，他经历过面对故障束手无策的窘境，也体会过苦战 40 多天终将故障排除的喜悦。汪清靠着一股钻研的劲，一点一点实践摸索着。

2001 年，公司引进了一条外国生产线。为了搞清楚这条生产线，汪清用了一年多的时间啃下了厚达几千页的全英文机电维修技术资料。"我在这条生产线上待了差不多有 7 年。"汪清表示。以至于后来这条生产线运转时出了故障，现场人员只要打个电话，汪清就能告诉他们是哪里出问题、该怎么修，并且能顺利排除故障。

当生产线上的一台机器人伺服电机损坏无法正常运行时，为了减少损失，汪清尝试着将其他伺服电机替换到损坏了的机器人上，停工的机器人以最快的速度又重新运转起来。"当时我是有把握能做好才去试的。"汪清自信地说道。

2010 年，以他的名字命名的"汪清机电维修技能大师工作室"成立。汪清从"一人干"到"带人干"，开始将工作重点转向为企业培养高素质技能型人才。"我带领他们学习案例和理论知识，需要他们自己找时间操作。只有学用结合，才能真正掌握技术。"汪清同时也表示带徒的过程也是他自己学习的过程。"在操作的过程或者实际维修过程中遇到了问题，大家一起讨论解决，相互学习。"

关关难过关关过。正是在一次次难关的磨炼下，汪清的技术水平不断提高。他曾先后获得全国知识型员工先进个人，改革开放30年、40年汽车工业杰出人物，省属企业538英才工程"拔尖人才"，中国汽车行业"最美汽车人"，安徽省劳动模范，全国劳动模范等荣誉称号。干一行，爱一行。因为足够热爱这份事业，肯学肯钻的汪清在普通的岗位上绽放着属于自己的光彩。

（资料来源：檀美玲，《汪清：勤钻苦学成首席 传道授业育人才》，中安在线，2022年4月2日）

项目综合考核

1. 填空题

（1）电阻炉主要通过电热元件将电能转化为_____。

（2）电阻炉温度自动控制系统的动态过程的传递函数可近似表示为_____。

（3）用水量增加会导致管网压力_____，此时提高变频器频率可以_____水泵的出水量，使管网压力上升从而维持恒值。

（4）恒压供水自动控制系统主要利用PLC对电动机进行_____，从而改变水泵的输出流量来保持水压恒定。

（5）采样时间的选取应满足在被控量_____的区段内可以有足够多的采样点。

（6）变频器不仅能起到调速的作用，还能达到_____的目的。

2. 判断题

（1）当电阻炉内的温度首次达到特定值时，此时电流和炉内温度都不再变化。（   ）

（2）变频器可以通过调节频率改变电动机的转速。（   ）

3. 简答题

（1）简述传统电阻炉温度自动控制系统的工作原理。

（2）简述恒压供水自动控制系统的工作原理。

项目综合评价

指导教师根据学生对本项目的实际学习情况进行评价，学生配合指导教师共同完成如表 5-5 所示的学习成果评价表。

表 5-5 学习成果评价表

班级			学号		
姓名			指导教师		
项目名称		综合案例			
日期					
评价项目	评价内容	评价方式	满分/分	评分/分	
知识 40%	电阻炉温度自动控制系统的工作原理、模型的建立、基本组成	理论测试	20		
	恒压供水自动控制系统的工作原理、模型的建立、基本组成		20		
技能 40%	作出电阻炉温度自动控制系统的原理框图	实践检验	20		
	作出恒压供水自动控制系统的原理框图		20		
素养 20%	积极参加教学活动，遵守课堂纪律	综合评价	5		
	主动思考学习，团结协作		5		
	认真负责，按时完成课堂任务		5		
	守正创新，知行合一		5		
合计			100		
自我评价					
指导教师评价					

附 录

拉普拉斯变换是求解线性微分方程的有力工具，它能够将时域问题转换为复频域问题，使系统分析得到简化，对自动控制系统的研究和分析具有实际意义。

为了便于直接使用，这里给出常用函数的拉普拉斯变换对照表和拉普拉斯变换定理分别如表 1 和表 2 所示。

表 1 常用函数的拉普拉斯变换对照表

序号	原函数 $f(t)$	拉普拉斯变换 $F(s)$
1	$\delta(t)$	1
2	$1(t)$	$\dfrac{1}{s}$
3	t	$\dfrac{1}{s^2}$
4	$\dfrac{1}{2}t^2$	$\dfrac{1}{s^3}$
5	$\dfrac{1}{n!}t^n\,(n=1,2,3\cdots)$	$\dfrac{1}{s^{n+1}}\,(n=1,2,3\cdots)$
6	e^{-at}	$\dfrac{1}{s+a}$
7	$1-e^{-at}$	$\dfrac{a}{s(s+a)}$
8	te^{-at}	$\dfrac{1}{(s+a)^2}$
9	$e^{-at}-e^{-bt}$	$\dfrac{b-a}{(s+a)(s+b)}$
10	$\dfrac{1}{ab}\left[1+\dfrac{1}{b-a}(ae^{-bt}-be^{-at})\right]$	$\dfrac{1}{s(s+a)(s+b)}$

续表

序号	原函数 $f(t)$	拉普拉斯变换 $F(s)$
11	$\sin\omega t$	$\dfrac{\omega}{s^2+\omega^2}$
12	$\cos\omega t$	$\dfrac{s}{s^2+\omega^2}$
13	$e^{-at}\sin\omega t$	$\dfrac{\omega}{(s+a)^2+\omega^2}$
14	$e^{-at}\cos\omega t$	$\dfrac{s+a}{(s+a)^2+\omega^2}$
15	$a^{\frac{t}{T}}$	$\dfrac{1}{s-\dfrac{1}{T}\ln a}$
16	$\delta(t-T)$	e^{-Ts}
17	$1(t-T)$	$\dfrac{1}{s}e^{-Ts}$

表2 拉普拉斯变换定理

序号	名称	公式
1	线性定理	$L[af_1(t)\pm bf_2(t)]=aF_1(s)\pm bF_2(s)$
2	微分定理	$L\left[\dfrac{d^n f(t)}{dt^n}\right]=s^n F(s)$ （初始条件为零）
3	积分定理	$L\left[\int f(t)dt\right]=\dfrac{F(s)}{s}+\dfrac{\left[\int f(t)dt\right]_{t=0}}{s}$
4	位移定理	$L[e^{at}f(t)]=F(s-a)$
5	延迟定理	$L[f(t-\tau)]=e^{-\tau s}F(s)$
6	相似定理	$L\left[f\left(\dfrac{t}{a}\right)\right]=aF(as)$
7	初值定理	$\lim\limits_{t\to 0}f(t)=\lim\limits_{s\to\infty}sF(s)$
8	终值定理	$\lim\limits_{t\to\infty}f(t)=\lim\limits_{s\to 0}sF(s)$

参考文献

[1] 胡寿松，姜斌，张绍杰．自动控制原理［M］．8版．北京：科学出版社，2023．

[2] 郝建豹，林子其．自动控制系统［M］．北京：机械工业出版社，2019．

[3] 刘文定，谢克明．自动控制原理［M］．4版．北京：电子工业出版社，2018．

[4] 李国勇，李虹．自动控制原理［M］．3版．北京：电子工业出版社，2017．

[5] 陈渝光．电气自动控制原理与系统［M］．3版．北京：机械工业出版社，2016．